DIE FUNKTIONSPRÜFUNG DES AKUSTISCHEN UND STATISCHEN LABYRINTHS

VON

DR. MAXIMILIAN RAUCH

EM. ASSISTENT DER UNIV.-KLINIK FÜR OHREN-, NASEN- UND KEHLKOPFKRANKHEITEN, WIEN

WIEN UND BERLIN

VERLAG JULIUS SPRINGER

1924

ISBN-13: 978-3-7091-9700-4   e-ISBN-13: 978-3-7091-9947-3
DOI: 10.1007/978-3-7091-9947-3

VORWORT.

Im Jahre 1912 habe ich in einzelnen Aufsätzen meine in den Kursen gehaltenen Vorlesungen über die Untersuchung des gesunden und kranken Vestibularapparates in einer leicht faßlichen Form in der „Wiener Allgemeinen Medizinischen Zeitung" niedergelegt, um den praktischen Arzt mit diesem interessanten Kapitel der Gleichgewichtslehre vertraut zu machen.

Da die wenigen Separata rasch vergriffen waren, habe ich mich auf Wunsch meiner Schüler, um ihnen eine Rekapitulation der Vorträge über dieses Gebiet zu ermöglichen, entschlossen, diese Aufsätze mit einigen Erweiterungen, den Arbeiten der letzten Jahre entsprechend, in diesem Büchlein zusammenzufassen.

Ich hoffe, daß die hier gebrachten Abbildungen viel zum Verständnis des Studiums beitragen werden, namentlich bezüglich der Stellung der Bogengänge zueinander und ihrer Lage im Raume bei den verschiedenen durch das Experiment bedingten Kopfhaltungen.

Sie wurden nach photographischen Abdrücken meines Labyrinthmodells[1]) in seinen verschiedenen, für die Übersicht günstigsten Einstellungen hergestellt. Den Untersuchungen über den Vestibularapparat geht die Funktionsprüfungslehre des akustischen Labyrinthes voraus. Diese selbst erscheint hier in erster Ausgabe.

Dr. Rauch.

---

[1]) Zum Studium der Bogengänge in ihrer Lage im Raume und ihrer Stellungen bei verschiedenen Kopfhaltungen habe ich ein Labyrinth-Einstellungsmodell angegeben (erzeugt bei Carl Reiner, Wien, IX., Mariannengasse), das uns gestattet, mittels zweier Scharniergelenke sowie eines Kugelgelenkes jeden Bogengang in eine uns praktisch oder theoretisch interessierende Stellung zu versetzen und in derselben vermöge einer Drehvorrichtung um die vertikale Achse zu rotieren. (Beschrieben in der M. f. O. Heft I. 1912. S. Fig. 5.)

INHALTSVERZEICHNIS

DIE FUNKTIONSPRÜFUNG DES GEHÖRORGANS

EINFÜHRUNG.

Vom topographisch-anatomischen Standpunkt teilen wir das Gehörorgan in das äußere, mittlere und innere Ohr ein; bezüglich der Funktion sprechen wir von einem schalleitenden und schallperzipierenden Apparat.

Schalleitend ist die Ohrmuschel, der äußere Gehörgang, das Trommelfell, der Hammer, der Amboß, der Steigbügel, das Ligamentum annulare, die Membrana secundaria und die Labyrinthflüssigkeit.

Schallperzipierend: das häutige Labyrinth mit den Nervenendigungen und dem Nerv. cochl. selbst.

Das Schallperzeptionsorgan ist in der Schnecke untergebracht. Diese stellt ein um eine Achse zweieinhalbmal gewundenes Rohr dar, dessen häutiger Teil bei Zuführung von Tönen durch die Erregung der Perilymphe engagiert wird. Dadurch wird auch die Endolymphe erregt und diese teilt ihre Impulse dem eigentlichen schallperzipierenden Teil mit, dem Cortischen Organ, in welchem die Umwandlung akustischer Eindrücke in Nerventätigkeit vor sich geht. Das Cortische Organ ruht der Basilarmembran auf, die aufgerollt ein Trapez vorstellt, deren kleinere Basis dem Promontorium zugewendet ist und sich allmählich gegen die Schneckenspitze verbreitert, während das knöcherne Septum promontorialwärts am breitesten ansetzt, um sich gegen die Spitze hin zu verjüngen. Siehe Fig. 1.

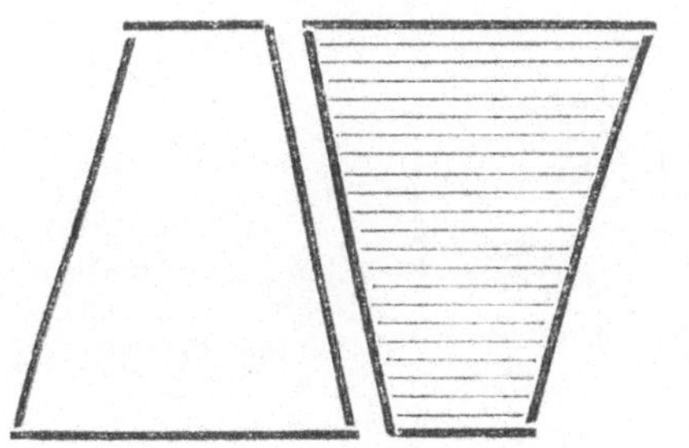

Figur 1.
Schematische Darstellung der Lamina spiralis
ossea und membranacea

Gegend des Promontoriums

Der membranöse Teil weist mikroskopisch unzählige quergespannte Fasern auf, deren kürzeste an der Basis und deren längste an der Spitze gelegen sind und die — auf einzelne Töne abgestimmt — in ihrer Gesamtheit den Tonbereich des normalen Menschen ausmachen. Die Schallschwingungen der Luft werden direkt oder indirekt (durch Vermittlung der Gehörknöchelchenkette) auf die Labyrinthflüssigkeit übertragen, und das hier erzeugte

Wellensystem übt den spezifischen Reiz auf das Endorgan aus. Nach der **Helmholtzschen Resonanztheorie** wird nun die dem zugeführten Ton gleichgestimmte Faser der eine Klaviatur repräsentierenden Basilarmembran erregt und in Mitschwingung gebracht. Erklingt eine Klangmasse, so gelangen alle jene Komponenten in Mitschwingung, aus denen diese Klangmasse besteht.

Andere Theorien sind die von **Ewald**, nach der bei jedem Ton die ganze Lamina spiralis membranacea mitschwingt, wobei jedoch jeder Ton ein anderes, charakteristisches cerebrales Klangbild entstehen läßt, ferner die Theorien von **Ebner**, **Hensen** etc.

Unser Hörfeld, das den **qualitativen** Ausdruck unseres Hörvermögens darstellt, umfaßt einen Tonbereich von 16 bis über 50.000 Doppelschwingungen in der Sekunde, von C^{II} (Subkontra C) bis g^8 (achtgestrichenes g); was jenseits dieser Grenzen liegt, gehört zu den ultramusikalischen Tönen und wird als Geräusch empfunden. Siehe Fig. 2. Die **Quantität** des Hörvermögens wird als Hörschärfe bezeichnet.

Figur 2.

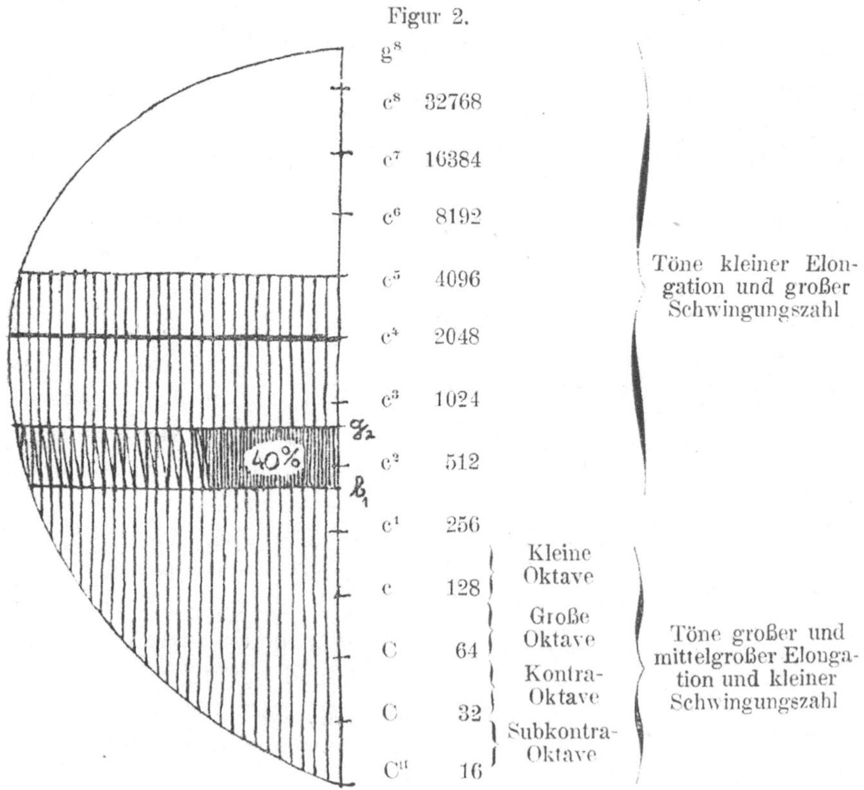

Für c⁴ ist die Hörschärfe am größten, d. h. das feinste Gehör liegt normalerweise in der Gegend der viergestrichenen Oktave. Siehe Fig. 2. Unsere Sprache umfaßt die Töne von C^{II} bis c⁵; der für das Sprachverständnis wichtigste Teil der Tonskala liegt zwischen b¹ und g²; oberhalb und unterhalb des Sprachgebietes liegt der Tonbereich unseres musikalischen Empfindens. Zum Sprachverständnis genügt es, 40% vom Tonbereich b¹—g² zu hören, d. h., hört ein normales Ohr b¹ 100 Sekunden lang, so muß ein minderwertiges Ohr — um die Sprache zu verstehen — diesen Ton wenigstens 40 Sekunden lang perzipieren; wird er noch weniger lang gehört, so besteht bloß qualitatives Hören. Siehe Fig. 2.

Haben wir das Cortische Organ als den Schallperzeptionsapparat kennen gelernt, so müssen wir das äußere und mittlere Ohr mit der Gehörknöchelchenkette einschließlich des Ligamentum annulare und der beiden Binnenohrmuskel (des Musc. tensor tympani und Musc. stapedius) sowie vom Innenohr die Perilymphe — ja nach Anschauung einiger Autoren alle flüssigen Bestandteile des Labyrinths, also auch die Endolymphe — als der Schalleitung dienend bezeichnen. Aber nicht alle Töne benötigen den Schalleitungsapparat, um auf die Schnecke übertragen zu werden. Hohe Töne, das sind solche von kleiner Elongation und großer Schwingungszahl, siehe Fig. 2, durchdringen den Knochen, ohne die Gehörknöchelchenkette in Anspruch zu nehmen und setzen direkt die Labyrinthflüssigkeit und so das Cortische Organ in Erregung (wir hören hohe Stimmgabeltöne ganz gut, auch wenn wir beide Ohren mit dem Finger verstopfen), denn nur für hohe Töne scheint unser Perzeptionsorgan eingestellt zu sein. Handelt es sich um tiefe und tiefere Töne, also um solche von großer Elongation und kleiner Schwingungszahl (beiläufig die 4 unteren Oktaven), so müssen diese zuerst eine Umwandlung in Töne von kleiner Elongation und großer Schwingungszahl erfahren, um für das Cortische Organ aufnahmsfähig gemacht zu werden, und dies geschieht nach Helmholtz mit Hilfe der Gehörknöchelchenkette, die einen zweiarmigen Fühlhebel vorstellt, dessen langer Arm die radiären Fasern des Trommelfells, Hammer und Amboß darstellen, und dessen kurzer Arm vom Steigbügel mit dem Ligamentum annulare repräsentiert wird. Durch diesen Transformationsapparat wird die Qualität der Töne — tiefe in hohe — umgewandelt.

Eine andere Theorie hält die Gehörknöchelchenkette für einen Schutzapparat, einen Dämpfer für schrille Töne; eine andere Auffassung schreibt ihr dieselbe Rolle zu wie dem Ciliarmuskel des Auges, als einem Akkomodationsapparat, um die Labyrinthflüssigkeit in verschiedene Spannung zu setzen und für verschiedene Töne einzustellen.

Wenn wir von jenen Formen der Schwerhörigkeit absehen, die durch vorübergehendes Verlegtsein des äußeren Gehörganges (Cerumen, Fremdkörper) hervorgerufen werden, ferner von der akuten Mittelohrentzündung sowie der chronischen Otitis und ihren pathologisch-anatomischen Folgezuständen, und jene Krankheitsbilder ins Auge fassen, wo die Inspektion uns keinen oder nur einen ungenügenden Aufschluß gibt, so müssen wir außer der Anamnese vor allem die Funktionsprüfung zur Diagnose heranziehen. Diese setzt uns in die Lage, die Erkrankungen des schalleitenden von denen des schallperzipierenden Apparates zu differenzieren, (was klinisch, therapeutisch und prognostisch von größter Bedeutung ist) — ja sogar die einzelnen Krankheitsformen innerhalb dieser beiden Gruppen selbst abzuteilen. Zur diagnostischen Verwertung kommen in Betracht:

A. Die Stimmgabelprüfung,

B. Die Prüfung mittels unserer Sprache,

C. Prüfung mittels der Taschenuhr und des Akumeters.

PRÜFUNGSARTEN.

A. DIE STIMMGABELPRÜFUNG.

Zur exakten Stimmgabelprüfung gehört eine Reihe von Stimmgabeln, und zwar vom Subkontra C bis zum fünfgestrichenen c, ferner die Galton-Pfeife oder das Monochord. Für die Versuche: Weber, Rinne und Schwabach genügen jedoch eine tiefe Stimmgabel (Groß C) eine mittlere, (die von Politzer angegebene a¹) und eine hohe, (das viergestrichene c). Das Anschlagen der Stimmgabel kann mit der Fingerkuppe oder dem Fingernagel oder durch Streifen erfolgen, auch kann ein kleiner Metallhammer zum Anschlagen verwendet werden. In jedem dieser Fälle wird der Ton verschieden stark ausfallen.

Die Stimmgabelversuche setzen sich aus zwei Prüfungsarten zusammen:

1. Jene Prüfungsart, bei welcher die beiden Methoden der Zuführung von Tönen, nämlich durch Luft- und Knochenleitung, angewendet und miteinander verglichen werden.

2. Die Prüfung von Tönen verschiedener Höhe, und zwar ausschließlich durch Luftleitung zugeführt, und Bestimmung der oberen und unteren Perzeptionsgrenze, sowie die Prüfung der Hörschärfe, d. i. der Perzeptionsdauer für die einzelnen Töne.

Ad 1.

Unser Gehörapparat ist für die Luftleitung besser eingerichtet als für die Knochenleitung. Sind wir doch in der Luft lebende Individuen, die ihre Schalleindrücke durch die Luft beziehen. Eine vor dem Ohr erklingende Stimmgabel wird vom normalen Ohr besser gehört, als wenn sie auf dem Kopfknochen (Stirn, Kinn, Hinterhaupt, Warzenfortsatz etc.) aufgesetzt wird. Wir haben bereits erwähnt, daß bei der Luftleitung die hohen Töne direkt das Labyrinth treffen, die tiefen indirekt, indem sie durch die Gehörknöchelchenkette, die sie durchlaufen müssen, erst transformiert werden.

Welchen Weg nun nehmen die Töne, die dem Gehörorgan durch die Kopfknochenleitung zugeführt werden?

Wir müssen diesen Schallwellen zur Erklärung mancher Stimmgabelphänomene einen doppelten Weg supponieren:

1. Eine rein ossale Leitung: vom Kopfskelett direkt durch die Labyrinthkapsel zur Schnecke, bezw. zum Cortischen Organ.

2. Eine kraniotympanale Leitung: zunächst vom Kopfskelett zur Trommelhöhle. Hier erfahren die Schallwellen ein doppeltes Schicksal: ein Teil derselben wird ins Labyrinth reflektiert, ein zweiter Teil fließt durch den äußeren Gehörgang aus. Siehe Fig. 3. Letztere Annahme, die als die Wiensche Ausflußtheorie bekannt ist, wird in der Weise bewiesen, daß man eine tönende Stimmgabel auf dem Scheitel einer Versuchsperson aufstellt und das Ohr dieser Versuchsperson durch ein Otoskop mit dem Ohr einer zweiten Person verbindet, welches dann die ausfließenden Schallwellen auffängt und so den Stimmgabelton ebenfalls deutlich perzipiert.

Weder die Wiensche Ausflußtheorie, noch die Annahme einer rein ossalen Leitung halten wissenschaftlichen Bedenken stand; wir müssen aber von ihnen ausgehen, um, wie gesagt, die Stimmgabelphänomene zu erklären, die wir als den Weberschen, den Rinneschen und den Schwabachschen Versuch kennen lernen werden.

D e r W e b e r sche V e r s u c h.

Durch diesen Versuch vergleichen wir die Kopfknochenleitung beider Ohren. Sind beide Ohren normal oder in gleich starker Weise erkrankt, so wird der Ton einer Stimmgabel, — wir verwenden hiezu gewöhnlich

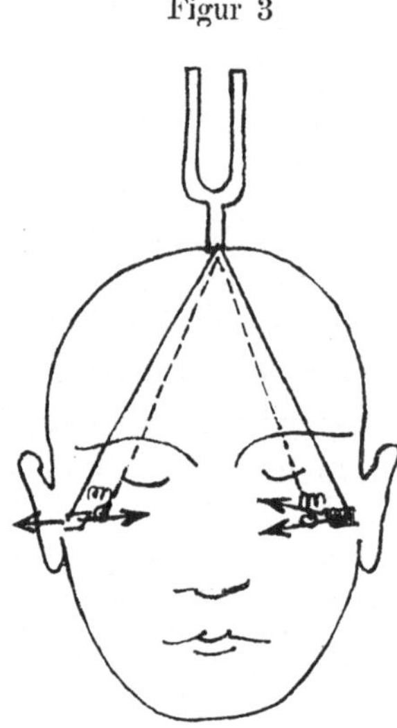

Figur 3

die mittlere a^1 — die wir an einem Punkt der Sagittalebene des Kopfes aufsetzen, auf beiden Seiten gleich stark oder irgendwo im Kopfe gehört. Wir sagen „W e b e r u n b e - s t i m m t" oder „W e b e r i m K o p f e". Besteht aber auf der einen Seite ein Schall- leitungshindernis (das wir auch experimentell in der Weise setzen können, daß wir mit dem Finger den einen Gehörgang verstopfen), so werden hier die Schallwellen nicht aus- fließen können, sondern gleichfalls an das Labyrinth abgeführt werden. Während aus der gesunden Seite ein Teil der Schallwellen abfließt, erhält die geschädigte Seite ein Plus an Schallwellen und wird den Ton stärker perzipieren. Der Ton wird zur kranken Seite geleitet und wir sagen „W e b e r l a t e r a l i s i e r t n a c h r e c h t s o d e r l i n k s", je nach der Seite, auf welcher sich das kranke Ohr befindet.

Bestehen in b e i d e n Ohren Schalleitungshindernisse v e r - s c h i e d e n e n G r a d e s, so wird der Ton dort besser gehört, wo das größere Hindernis besteht, wo mehr Schallwellen zurückbehalten und an die Schnecke abgeführt werden. Werden beide Ohren mit dem Finger verstopft, so wird eine am Scheitel aufgesetzte Stimm- gabel besser gehört, weil der Weg durch die Luft, der Ausfluß, ausgeschaltet ist.

Es zeigt sich, daß der Weber n u r auf der Seite des Schall- leitungshindernisses gehört wird, während auf der anderen gesunden Seite s u b j e k t i v keinerlei Gehörswahrnehmung stattfindet, wiewohl auch dieser Seite Schallwellen zugeführt werden. Die Erklärung hiezu ist im S t e n g e r schen V e r s u c h zu finden: Zwei gleichgestimmte tiefe oder mittlere Stimmgabeln werden in gleicher Entfernung vor jedem Ohr gehalten. Die Stimmgabeln werden beiderseits gehört. Wird die eine derselben dem einen Ohr genähert, so wird bloß diese Seite die Gehörseindrücke wahrnehmen, während die andere Seite subjektiv die Schalleindrücke nicht verwertet und daher keine Gehörsempfindung zeigt. Ausnahmen für den Weberschen Versuch können sich auch bei normalen Gehörorganen ergeben, im Sinne einer Lateralisation nach der einen oder anderen Seite. Dies kann in Fällen geschehen in denen die Warzenfortsätze, Stirn- und Kieferhöhlen nicht gleich gebaut sind, nämlich auf der einen Seite pneumatisch, auf der anderen diploetisch. Auch bei einseitigem Verschluß der Nase, z. B. bei einer Deviation, kann — trotz normalen Gehörs auf beiden Ohren — der Weber nach der einen Seite hin lateralisieren.

Aber nicht nur ein Schalleitungshindernis wird durch den Weber aufgedeckt, sondern auch ein Fehler in der Schallperzeption angezeigt. Es ist klar, daß die Schallwellen nur dort perzipiert werden, wo ein gesundes Aufnahmsorgan vorhanden ist, daß ein gesunder Nerv besser perzipiert als ein kranker. Besteht also eine Erkrankung des schallempfindenden Organes auf der einen Seite, so werden hier die Schallwellen nicht perzipiert und der Ton auf der Seite des gesunden Nerven gehört. Der Weber lateralisiert nach der labyrinthgesunden Seite.

Der Webersche Versuch ist zur Diagnosenstellung allein nicht verwendbar, er bildet bloß einen Stein im Aufbau der Diagnose, zu der noch die anderen Stimmgabelversuche (Rinne, Schwabach) herangezogen werden müssen. Nur für eine bestimmte diagnostische Verwertung hat der Weber eine größere Bedeutung erlangt; es ist dies der Versuch, den Neumann den sogenannten „zweiten Weber" nennt. Wenn (infolge einer Otitis oder Trepanation) ein Übergreifen der Entzündung auf den schallperzipierenden Apparat erfolgt, wird der Weber seinen ursprünglichen Charakter ändern und so die Komplikation aufdecken helfen. Z. B. es besteht eine chronische Otitis rechts. Weber lateralisiert nach rechts. Tritt nun eine Erkrankung des Labyrinths dazu, so wird eine neuerliche zweite Untersuchung durch Weber jetzt ein anderes Resultat ergeben: dieses Ohr wird den Ton nicht mehr perzipieren; es erfolgt eine Umkehrung des „ersten" Weber.

Der Rinnesche Versuch.

Dieser vergleicht die Kopf- und Luftleitung derselben Seite. Wir haben schon eingangs erwähnt, daß in der Luft lebende Individuen durch pneumatische Resonatoren für die Luftleitung besser eingerichtet sind als Tiere, die in einem anderen Medium leben. (So hat der Wal, der auf die Kopfknochenleitung angewiesen ist, ein natürliches Schallleitungshindernis, indem dessen Gehörgang und Mittelohr nicht lufthaltig sondern durch Bindegewebe obturiert sind). Besteht also ein normales Verhalten, so ist stets die Luftleitung besser als die Kopfknochenleitung, und wir sprechen von einem positiven Rinne.

Handelt es sich um ein Schalleitungshindernis, so können die Schallwellen einer auf dem Warzenfortsatz aufgesetzten Stimmgabel — wir verwenden gewöhnlich die mittlere — zufolge dieses Schalleitungshindernisses eben nicht ausfließen, sie werden zurückgehalten und in ihrer Gänze ins Labyrinth geleitet, so daß hier die Kopfknochen besser leiten als die Luft; wir sprechen von einem negativen Rinne. Ist der N e r v erkrankt, so hört das betreffende Individuum schlecht, einerlei, ob die Schallwellen von der Luft oder dem Knochen her dem Labyrinth zugeführt werden. Ist dabei die Schalleitung normal, so wird am positiven Rinne nichts geändert werden, nur wird die Perzeptionsdauer für beide Tonzuführungsarten eine kürzere sein. Wir haben da einen sogenannten k l e i n e n Rinne. Siehe Fig. 4.

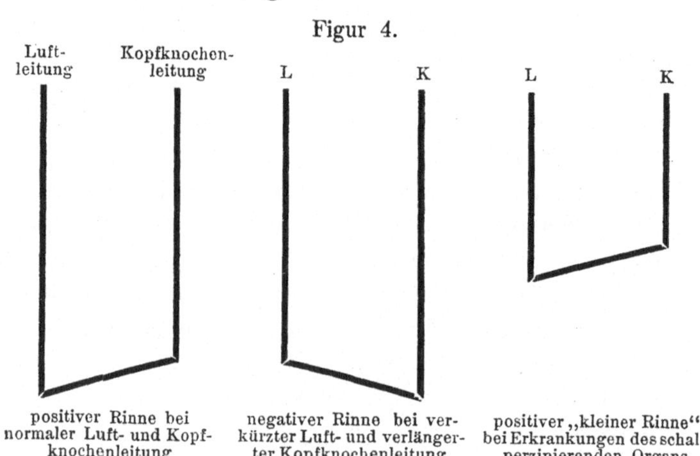

positiver Rinne bei normaler Luft- und Kopfknochenleitung   negativer Rinne bei verkürzter Luft- und verlängerter Kopfknochenleitung   positiver „kleiner Rinne" bei Erkrankungen des schallperzipierenden Organs

Der S c h w a b a ch sche V e r s u c h.

Dieser vergleicht die Hördauer der Knochenleitung des Untersuchten mit der des Normalen. Er kann auf zweifache Weise vorgenommen werden:

a) durch Feststellung der Hördauer einer Stimmgabel vom Warzenfortsatz aus bei einem bestimmten Anschlage. Wir sagen dann, die

Stimmgabel x, die sonst normalerweise z. B. 30 Sekunden lang perzipiert wird, wird vom Patienten bloß 10 Sekunden lang gehört.

b) durch Feststellung der Differenz der Hördauer dieser Stimmgabel zwischen dem Patienten und dem Normalen. Wir setzen die Stimmgabel auf den Warzenfortsatz des Patienten, der den Moment meldet, wo die Stimmgabel nicht mehr gehört wird — dann wird dieselbe sofort auf den Warzenfortsatz des Untersuchers (sofern er normal ist) gesetzt und die Zeit gemessen, um wieviel dieser den Ton länger hört als der Patient. Diese Zeit gibt uns einen Maßstab für die Verkürzung der Knochenleitung. — Bei nervösen Menschen stellt sich nicht selten bei der Prüfung des Schwabach ein Ermüdungsphänomen ein, das darin besteht, daß der Untersuchte plötzlich angibt, die Stimmgabel nicht mehr zu hören, um sie dann nach einigen Sekunden wieder zu perzipieren. In diesen Pausen sind die wohl gehörten Stimmgabeltöne subjektiv nicht zum Bewußtsein gekommen, und die Knochenleitung stellt gewissermaßen eine mehrfach unterbrochene Linie dar. In diesen Fällen empfiehlt es sich, die Stimmgabel vom Kopfe zu entfernen, sobald der Patient angibt, sie nicht mehr zu hören, um sie nach einigen Sekunden — ohne neuerlichen Anschlag — wieder aufzusetzen und in der Prüfung fortzufahren. Welche Bedeutung kommt dem Schwabachschen Versuche zu?

Die Untersuchung zeigt uns an, ob die Kopfknochenleitung normal, verkürzt oder verlängert ist. Verkürzt, wenn der schallperzipierende Teil des Gehörorganes erkrankt ist; verlängert, wenn eine Störung im schalleitenden Apparat den Ausfluß der Schallwellen verhindert, diese daher zurückgehalten und noch überdies — d. h. außer den direkt durch die rein ossale Leitung hingeleiteten — gegen das Labyrinth reflektiert werden.

Ad 2.

Diese zweite Gruppe der Stimmgabelprüfung bezieht sich ausschließlich auf die Luftleitung und hat den Zweck, das Perzeptionsvermögen unseres Gehörorganes für Töne verschiedener Höhe festzustellen. Hiebei kommen zwei Möglichkeiten in Betracht:

a) Die Bestimmung der oberen und unteren Perzeptionsgrenze in der Tonreihe mittels des Bezold-Edelmannschen Stimmgabelbesteckes. Mit Hilfe desselben können wir einerseits die untere Tongrenze bestimmen, d. i. den noch perzipierbaren tiefsten Ton feststellen und anderseits nach obenhin Töne bis zur

2 Rauch, Funktionsprüfung.

fünfgestrichenen Oktave registrieren. Über diese hinaus — also für ultramusikalische Töne — wird die Galton-Pfeife oder das Monochord benützt. Erstere ist eine kleine Metallpfeife, die durch einen mit ihr verbundenen Gummiball in Tätigkeit gesetzt wird. Ein mit einem Schraubengewinde versehener Metallstempel reguliert durch Drehung die Pfeifenlänge und dadurch auch die Tonhöhe. Da die Galtonpfeife bezüglich der Schwingungszahl nicht verläßlich ist, zumal die Tonhöhe mit dem kräftigen oder weniger kräftigen Zusammenpressen des Balles variiert, so wird das Monochord als das exaktere Instrument lieber benützt. Es ist dies eine über eine Metallschiene gespannte Stahlsaite, die durch eine Klemme beliebig verkürzt werden kann und durch Bestreichen mit einem Bogen in Schwingung gebracht wird. Die Schwingungszahl des jeweils tönenden Saitenstückes ist an einer an der Schiene angebrachten Skala abzulesen.

b) Die Bestimmung der Hördauer, des quantitativen Perzeptionsvermögens für einzelne Töne. Wenn wir es mit einer Erkrankung des schallperzipierenden Organs, das wir als Rezeptor für hohe und tiefe Töne kennen gelernt haben, zu tun haben, so müßte nach pathologisch-anatomischen Erwägungen die Hördauer für die verschiedensten Stimmgabeltöne herabgesetzt sein, und zwar sowohl für hohe, als auch für tiefe und mittlere, je nach dem Sitz der Erkrankung. Handelt es sich um mehrere Krankheitsherde innerhalb der Lamina spiralis membranacea, so würden mehrere Töne oder Tongruppen ausfallen, so daß sich im Tonbereich des Patienten auch Skotome oder Hörinseln bilden könnten. Klinisch verhält sich die Sache anders. Es fallen zuerst die hohen Töne aus, weil der vom Promontorium gedeckte Anfangsteil der Schnecke für eine fortschreitende Mittelohrentzündung am exponiertesten liegt, weil dieser Teil bezüglich der Blutgefäßversorgung schlechter als jeder andere Teil der Schnecke bedacht ist; hieher haben auch die Nervenfasern den längsten Weg zurückzulegen. So müssen wir den promontorialwärts gelegenen Teil der Lamina spiralis membranacea als den am meisten gefährdeten und am leichtesten geschädigten Schneckenteil betrachten, den Locus minoris resistentiae.

Handelt es sich um eine Erkrankung des schalleitenden Apparates, so werden die hohen Töne gut gehört, weil sie direkt dem Labyrinth zustreben; mittlere und tiefere Töne dagegen werden schlecht, bezw. verkürzt gehört, weil die Gehörknöchelchen, die wir als den Helmholtzschen Transformationsapparat kennen gelernt haben, erkrankt sind (und die Umwandlung tiefer Töne in hohe, für die unser Ohr eingestellt ist, nicht oder nur gestört stattfinden kann).

So sind wir in der Lage, auf Grund dieser beiden Gruppen von Stimmgabelprüfungen die Erkrankungen des schalleitenden Apparates von denen des schallperzipierenden zu scheiden, wobei klinische und anatomisch-pathologische Forschungen uns die Möglichkeit bieten, die einzelnen Erkrankungsformen der ersten Gruppe differentialdiagnostisch voneinander zu scheiden. Wir meinen die beiden wichtigsten Formen: den chronischen Adhaesivprozess nach schleichender Entzündung und die Otosklerose, auf die hier nicht weiter eingegangen werden soll.

Bezüglich der Erkrankung des Innenohres wissen wir, daß daselbst zwei funktionell verschiedene Organe untergebracht sind: das Gehörorgan und der Gleichgewichtsapparat, und daß wir durch funktionelle Prüfung in der Lage sind, festzustellen, welcher von beiden Apparaten affiziert ist.

Wir wollen noch der Vollständigkeit halber eines Versuches gedenken, den wir Gellé verdanken, und der nur für eine bestimmte Gruppe von Mittelohrerkrankungen, für die Ankylose des Stapes, herangezogen wird. Wird die Luft des Gehörganges mittels eines mit Schlauch und Olive armierten Ballons komprimiert, so wird der ganze Schalleitungsapparat einwärts gedrückt und dadurch die Beweglichkeit der Gehörknöchelchenkette vermindert. Es wird daher ein auf aerotympanalem (Ansetzen der Stimmgabel auf dem Schlauch) oder kraniotympanalem Wege (Ansetzen der Stimmgabel auf dem Scheitel oder Warzenfortsatz) zugeführter Ton vom Normalhörigen mit beweglichem Trommelfell und Hammer schwächer gehört, wenn der Ballon komprimiert wird. Bei Ankylosierung der Stapesplatte (oder narbigen Verwachsungen mit Unbeweglichkeit des Trommelfelles) wird eine Kompression an der Schallwahrnehmung nichts ändern. Fälle mit Trommelfelldefekten eignen sich für den Gellé nicht, da hier die Luft durch die Tube in den Rachen entweicht.

B. DIE PRÜFUNG MITTELS UNSERER SPRACHE.

Es ist für einen Schwerhörigen von großer sozialer Bedeutung, ob er noch imstande ist, einer Konversation zu folgen; daher die Wichtigkeit der Prüfung des binauralen Hörvermögens. Zur vergleichenden Prüfung beider Ohren wird jedes besonders geprüft —

2*

dies aus diagnostischen Gründen. Die Prüfung besteht darin, daß dem Patienten Worte vorgesprochen werden, die er dann nachsprechen muß. Er wendet das Ohr dem Prüfer zu, während ihm ein Gehilfe das andere Ohr mit dem angefeuchteten Finger verstopft. Die andere Hand hält der Gehilfe so vor die Augen des Untersuchten, daß dieser die vorgesprochenen Worte nicht vom Munde des Untersuchers ablesen kann.

Durch einen noch so festen Verschluß des Ohres mit dem Finger kann das betreffende Gehörorgan doch nicht ganz vom Hörakte ausgeschaltet werden. Um das zu erreichen, hat Bárány seinen sogenannten Lärmapparat konstruiert: Eine runde Metalldose mit einem Hartgummiansatz, der ins Ohr gesteckt wird. In der Dose befindet sich ein Uhrwerk, das durch einen Druck auf einen Knopf rasch abläuft und dadurch ein starkes Geräusch hervorbringt. Allerdings beeinträchtigt dieses Geräusch auch das Hörvermögen des anderen Ohres. Man kann übrigens das eine oder das andere Ohr vom Hörakt vollkommen ausschließen, wenn man die Ohrmuschel mit einem Blatt Papier tangential reibt.

Es wird geprüft: a) mittels etwas lauterer Konversationssprache; b) mittels stark akzentuierter Flüstersprache.

Letztere wird hervorgebracht, indem man tief einatmet und mit der Residualluft Worte im Flüsterton spricht. Ein Normaler wird lautere Konversationssprache in ca. 50 m Entfernung, akzentuierte Flüstersprache halb so weit hören.

Wie Oskar Wolf fand, umfaßt unsere Sprache 8 Oktaven von C^{II} bis c^5, siehe Fig. 2; dem tiefsten Ton entspricht das Zungen-R, dem höchsten das S. Dieser große Spielraum erklärt die Schwierigkeit bei der Beurteilung der Hörschärfe für die Sprache. Am leichtesten gehört werden die Vokale und von diesen die hellen i, e, a besser als die von tiefer Klangfarbe: o und u.

Auch die Konsonanten sind bezüglich ihrer Perzeptionsmöglichkeit ungleichwertig. Da es nicht angeht, alle Worte zu prüfen, so begnügt man sich — sowohl für Konversations- als auch für Flüstersprache — mit zwei Gruppen von Worten: hohen und tiefen. Zu den ersteren gehören solche, bei denen die Explosivlaute s, ß, z, t, p und die hohen Vokale vertreten sind, z. B. Zange, Ziege, Säge, Sieger, Essig, sechs, Tiger etc., zu den zweiten jene mit den Hauchlauten und tiefen Vokalen, z. B. Uhr, Kuckuck, hundert, Mutter, Brunnen etc.

Schon die Prüfung von Worten kann uns diagnostische Winke geben, insofern, als bei Erkrankungen des Schalleitungsapparates die hochklingenden Worte besser gehört werden als die tieftönenden, während bei Erkrankung des Perzeptionsorganes das Umgekehrte der Fall ist. So kommt es auch, daß dort Kinder- und Frauenstimmen, hier Männerstimmen besser gehört werden.

C. PRÜFUNG MITTELS DER TASCHENUHR UND DES POLITZERSCHEN AKUMETERS.

Die Taschenuhr kann in zweifacher Weise zur Hörprüfung herangezogen werden:

1. indem wir die Entfernung feststellen, in welcher sie perzipiert wird (wobei uns die normale Hördistanz der betreffenden Uhr bekannt ist, und wir beide Zahlen miteinander vergleichen),

2. indem wir mit derselben ebenso experimentieren wie mit der Stimmgabel, um die Kopfknochenleitung für sich oder im Vergleiche mit der Luftleitung zu prüfen, so daß ein Weber und Rinne mit ihr ausführbar ist.

Politzer hat einen Hörmesser von bestimmter Schallstärke konstruiert, der unter dem Namen Akumeter bekannt ist, und dessen mittlere Hörweite für Normale 15 m beträgt. Er besteht aus einem Perkussionshammer aus Stahl, der durch Niederfallen auf einen Zylinder ein Geräusch erzeugt, das von stets gleichbleibender Stärke ist, da der Hammeranschlag stets mit derselben Kraft und aus gleicher Höhe erfolgt. Der Vorteil des Hörmessers gegenüber der Taschenuhr liegt darin, daß man es dort mit einer Schallquelle von stets gleichbleibender Intensität zu tun hat. Die Anwendung der Taschenuhr als Auskunftsmittel, wenn eine Stimmgabel nicht zur Hand ist, ist allerdings eine mannigfaltigere.

D. DOPPELSEITIGE UND EINSEITIGE TAUBHEIT, SIMULATION UND AGGRAVATION.

Eine doppelseitige Taubheit bei Erwachsenen, zumal wenn diese seit Kindheit besteht, läßt sich sogleich vermuten, wenn der Patient an den Lippen des Untersuchers hängt, um die Fragen abzulesen und die charakteristische Taubstummensprache aufweist. Es ist festzustellen, ob es sich um eine Taubheit für Sprache und Töne handelt, und ob und welche Hörinseln vorhanden sind. Schwieriger ist die Untersuchung bei Kindern. Diese wird in der Weise vorgenommen, daß man hinter dem Rücken derselben laut schallende Instrumente (Pfeifen, Glocken etc.) ertönen läßt, während eine Hilfsperson die Aufmerksamkeit des Kindes ablenkt. Hörende Kinder oder solche mit Hörresten werden sich rasch nach der Schallquelle umdrehen; taube bleiben teilnahmslos.

Um einseitige Taubheit zu konstatieren, muß man auch das gesunde Ohr vom Hörakte ausschalten. Dies geschieht, indem man einen langen Hörschlauch zur Prüfung von Flüstersprache verwendet; oder man läßt mittels des Lärmapparates das hörende Ohr temporär ertauben; dann erfolgt die Prüfung wie oben bei der doppelseitigen Taubheit. Jedenfalls muß vorher eine komplette Stimmgabelprüfung vorgenommen werden. Auch das Versagen des Stengerschen Versuches bildet einen Beweis für die einseitige Taubheit.

Simulation: Von den Entlarvungsproben, den sogenannten Fallen, wollen wir absehen. Wissenschaftlich zu konstatieren ist sie durch eine Reihe sich ergänzender Proben. Wir wollen nur jene hervorheben, die sich in der Praxis gut bewährt haben.

Bei Simulation einseitiger Taubheit leistet der Lärmapparat vorzügliche Dienste. Gibt jemand z. B. an, rechts taub zu sein, so wird der Lärmapparat ins linke Ohr gegeben und in dasselbe einzelne Worte laut gesprochen: Der Simulant wird diese Worte — wenn auch zögernd — nachsprechen, um zu beweisen, daß er sie mit dem linken Ohr höre (tatsächlich hört er sie rechts); spricht man die Worte in das rechte Ohr, wird der Simulant erklären, daß er sie nicht höre. Oder wird bei einem wirklich einseitig Tauben, während er laut liest, durch den Lärmapparat auch das andere gesunde Ohr vom Hörakte ausgeschlossen, so wird er seine eigene Stimme nicht mehr hören und diese heftig anschwellen lassen, um dann in die normale Lesart zurückzukehren, wenn der Lärmapparat abgestellt wird.

Es gibt noch eine Reihe anderer Methoden, die sich an Namen wie Moos, Teuber, L. Müller, Tschudi, Lucae, Wernicke, Köbel, Marx, Chimani etc. knüpfen, und gerade diese große Reihe beweist die Unzulänglichkeit der einzelnen Methoden und die Notwendigkeit, möglichst viele Proben anzustellen, bevor man die Simulation als erwiesen bezeichnen kann.

Die Simulation doppelseitiger Taubheit ist weit schwieriger zu diagnostizieren und kann oft erst durch Erhebungen bei der unmittelbaren Umgebung des Betreffenden, Schulen, Behörden etc. eruiert werden. Von den Proben ist unter anderem der sogenannte Bürstenversuch zu empfehlen, der mitunter gute Dienste leistet. Er besteht darin, daß der Normalhörige nur aus dem Geräusch den Schluß zieht, ob sein Rücken mit der Bürste oder der flachen Hand gestreift wird. Die Gefühlsdifferenz zwischen beiden, die zweifellos besteht, ist sehr gering und wird durch die Gehörsempfindung vollständig überdeckt, so daß der betreffende Normalhörige auch angibt „Bürste", wenn diese den eigenen Rock des Untersuchers streift, während dessen Hand längs des Rückens der Versuchsperson hinuntergleitet. So oft er das Bürstengeräusch hört und eine gleitende Berührung seines Rückens spürt, hat er den Eindruck, daß er mit der Bürste berührt wird. Anders aber der wirklich Taube. Bei diesem fällt die Gehörsempfindung weg, er wird sich nur von der Gefühlsempfindung leiten lassen und fast stets richtig angeben, ob sein Rock mit der Bürste oder der flachen Hand gestreift wird.

Weit schwieriger zu beurteilen ist die Aggravation, das ist die Vortäuschung eines höheren Grades der tatsächlich bestehenden Schwerhörigkeit. Hier müssen öfters — einige Tage hindurch — Hörprüfungen bei verbundenen Augen gemacht werden. Die Resultate werden nun verglichen; zeigen sie große Schwankungen, dann ist die Annahme einer Übertreibung gegeben, ferner auch, wenn die jeweils angegebenen Hördistanzen mit dem erhobenen Stimmgabelbefund nicht in Einklang gebracht werden können.

DIE UNTERSUCHUNG DES GESUNDEN UND KRANKEN VESTIBULARAPPARATES

DER NORMALE VESTIBULARAPPARAT.

EINFÜHRUNG.

Der Vestibularapparat ist das Sinnesendorgan für unsere Gleichgewichtsempfindung und wird in dieser seiner Hauptfunktion vom Gesichtssinn und der tiefen Sensibilität (Muskel-, Gelenk-, Eingeweidesinn) unterstützt. Die Sinnesendstellen des statischen Organs sind teils in den Ampullen der Bogengänge gelegen und vermitteln die Wahrnehmung der Rotation unseres Körpers, teils im Utriculus und Sacculus untergebracht und sind hier für die Empfindung der Lage und für die der Progressivbeschleunigung bestimmt. Die Maculae des runden und des ovalen Säckchens stehen genau senkrecht aufeinander, so daß nach B r e u e r[1]) der Otolith der Macula utriculi in horizontaler Richtung von hinten außen nach vorne innen, der Otolith der Macula sacculi in der Richtung von oben hinten nach unten vorne gleitet.

Gleichzeitig und mit gleicher Intensität gehen von beiden i n t a k t e n Vestibularapparaten Impulse zum Zentrum aus, die automatisch das Körpergleichgewicht regulieren. So lange sich beide Vestibularapparate und deren höhere Zentren die Wage halten, vollzieht sich diese Funktion mit jener Selbstverständlichkeit, mit der wir uns beispielsweise im Raume zu bewegen gewohnt sind; wird aber die Funktion des e i n e n Vestibularapparates durch akute Erkrankung, durch mechanische, thermische oder galvanische Reizung gestört, so treten v o r ü b e r g e h e n d e Sensationen auf, die sich nicht nur s u b j e k t i v in Störungen des Körpergleichgewichtes und Schwindelerscheinungen, sondern auch o b j e k t i v in sicht- und meßbaren bilateral und synchron auftretenden Bewegungen der Augäpfel — N y s t a g m u s — sowie in typischen Reaktionsbewegungen kundgeben.

Dieser Nystagmus ist so augenfällig und wird durch Reizung eines i n t a k t e n Vestibularapparates mit einer solchen Präzision ausgelöst, daß er uns indirekt einen Maßstab für die R e i z e m p f i n d l i c h k e i t desselben abgibt, wiewohl er — wie wir später beim Drehreiz sehen werden — nicht unbedingt zur Intensität des Reizes in einem proportionalen Verhältnis stehen muß.

---

[1]) Über die Funktion der Otolithenapparate Pfl. A. 1890

Wir sprachen früher von „vorübergehenden" Sensationen. Das will besagen, daß mit dem Aufhören der Reize nach längerer oder kürzerer Zeit auch die Funktionsstörung des Vestibularapparates verschwindet, worauf sich die normale Gleichgewichtsempfindung wieder einstellt und der Nystagmus erlischt. Ja noch mehr: wird ein Vestibularapparat durch Erkrankung oder Operation dauernd zerstört, so tritt auch da durch den Antagonisten im Vereine mit den anderen, die Gleichgewichtsempfindung unterstützenden Sinnesorganen allmählich ein kompensatorischer Ausgleich ein, welcher die oberwähnten Sensationen verschwinden macht. Bei Zerstörung beider Vestibularapparate stellen Gesichtssinn und die tiefe Sensibilität allmählich bis auf geringe Störungen die Gleichgewichtsempfindung wieder her. Werden beide intakte Vestibularapparate gleichzeitig, in gleicher Weise und mit gleicher Intensität gereizt oder ausgeschaltet, so treten keinerlei Sensationen auf. Erwarten wir also beim plötzlichen Auftreten eines Schwindelgefühles auch das Einsetzen eines Nystagmus, so können wir vice versa aus diesem auf eine Störung des Vestibularapparates oder seiner kortikalen Bahnen schließen. Wollen wir daher einen Vestibularapparat auf seine Erregbarkeit prüfen, so suchen wir denselben durch mechanische, thermische oder galvanische Reize in jenen pathologischen Zustand zu versetzen, welcher die oberwähnten Sensationen hervorruft, und schließen aus dem Grade derselben auf seine normale bezw. mehr oder minder gestörte Funktionstüchtigkeit. Bevor wir diese drei Reizmethoden des näheren besprechen, ist es notwendig, uns — wenn auch in gröberen Zügen — die anatomischen Verhältnisse des Bogengangapparates zu vergegenwärtigen.

Das Labyrinth ist in der Felsenbeinmasse etwa in der Richtung der Pyramidenachse eingebettet und besteht aus einem zentralen Abschnitt, dem Vestibulum, der vorne medial in die Schnecke, hinten lateralwärts in die drei Bogengänge ausläuft. Die Knochenmasse des Labyrinths ist viel kompakter als die des übrigen Felsenbeins. Im Inneren des knöchernen Labyrinths, durch eine dünne Flüssigkeitsschichte — Perilymphe — von diesem getrennt, liegt das häutige Labyrinth, einen genauen Abklatsch des knöchernen darstellend, das gleichfalls mit einer Flüssigkeit — der Endolymphe — gefüllt ist. Das Vestibulum, aus dem Utriculus und Sacculus bestehend, bildet mit den halbzirkelförmigen Bogengängen den Vestibularapparat. Es gibt einen horizontalen und zwei vertikale Bogengänge, die in nahezu senkrechten Ebenen aufeinander stehen. Die Größe ihrer Zirkumferenz gleicht ungefähr der einer Linse, die Weite der Kanäle etwa der Dicke einer Nähnadel. Der vordere vertikale Bogengang, (siehe Fig. 5 f), mit seiner Konvexität nach oben liegt ungefähr in der Frontalebene; der hintere vertikale (s) — Konvexität nach hinten — ungefähr in der Sagittalebene; der horizontale (h) — Konvexität gleichfalls nach hinten — hat von seiner Verlaufsebene den Namen. Jeder Bogengang erweitert sich in dem e i n e n Ende zu einer Anschwellung von ca. doppelter Kanalweite — der A m - p u l l e — von denen die des horizontalen und vorderen vertikalen schläfenwärts übereinander und nahe nebeneinander in der Nähe des Steigbügelfensters liegen, während die Ampulle des hinteren vertikalen

Figur 5.

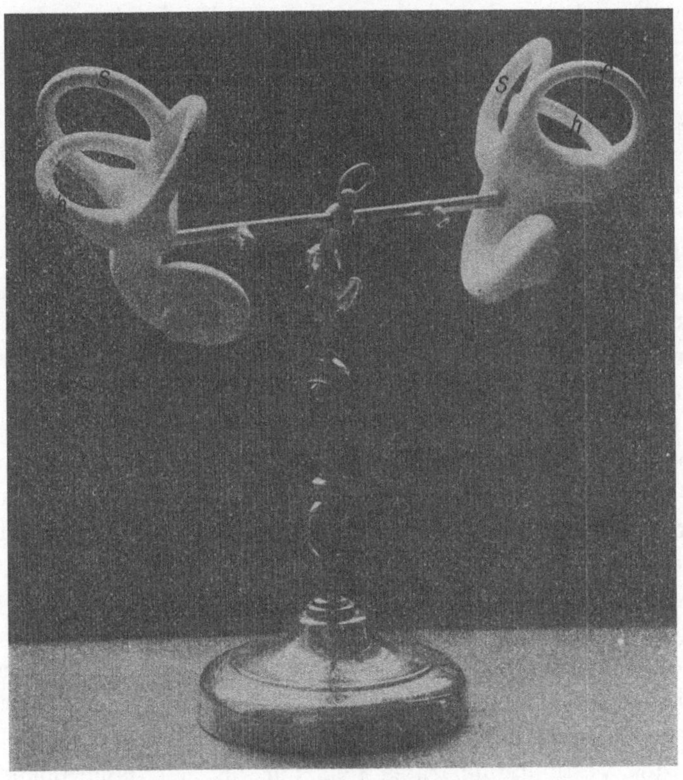

Labyrintheinstellungsmodell nach R a u c h.

nasenwärts und am tiefsten gelagert ist. Da die glatten Schenkel der vertikalen Bogengänge miteinander verschmelzen, so münden sie mit fünf Öffnungen in den Vorhof.

Die Ampullen sind der Sitz der Nervenendstellen, die auf einem kammartigen Zellhügel quer auf die Verlaufsrichtung der Kanäle gelagert sind. Es sind dies die von Stützzellen unterbrochenen Sinneszellen, deren jede mehrere bis etwa in die Mitte der Ampulle hineinragende Haare besitzt, die sogenannten „Hörhaare", die durch eine homogene Masse — die Cupula — vereinigt sind.

Wird die Cupula von der die Bogengänge füllenden Endolymphe durch Stöße gezerrt, so kommt durch das Anspannen der Haare ein Reiz zustande [1]), der, ins Zentralnervensystem geleitet, alle jene Sensationen hervorruft, die wir oben besprochen haben, und die sich durch die Verbindungen des Vestibularkernes mit den Augenmuskelkernen (Nystagmus) und den motorischen Zellen der Vorderhörner des Rückenmarkes durch Vermittlung des Deitersschen Kernes (Gleichgewichtsstörungen, Reaktionserscheinungen) ableiten und erklären lassen. Die Wirkung der Endolymphstöße ist je nach der Richtung derselben — auch bei gleichen und gleichstarken Reizen — verschieden. Im horizontalen Bogengang ist sie in der Richtung gegen die Ampulle hin — ampullopetal — nahezu doppelt so groß als gegen das glatte Ende hin — ampullofugal. In den vertikalen Bogengängen ist das Umgekehrte der Fall.

Wenn wir bei einer Versuchsperson mit intaktem Vestibularapparat künstlich durch Cupularreizung einen Nystagmus erzeugen, so finden wir bei genauer Analyse desselben, daß er aus zwei verschieden raschen Komponenten besteht: wir sehen zunächst ein langsames Hingleiten der Bulbi nach der einen und ein rasches Hinüberschnellen nach der anderen Seite. Stets wird der Nystagmus mit der langsamen Komponente eingeleitet (ein rhythmischer Nystagmus mit gleich raschen Komponenten gehört zu den Seltenheiten). Diese langsame Komponente wird tatsächlich vom Vestibularapparat ausgelöst; die rasche Komponente dagegen müssen wir als eine etwas stärker geratene zentrale Ausgleichsreaktion ansehen. Daß dies wirklich der Fall ist, sehen wir bei Versuchen mit Bewußtlosen und Halbnarkotisierten, bei denen Reizung des Vestibularapparates stets nur mit der langsamen Augen-

---

[1]) Breuer: „Studien über den Vestibularapparat." Wr. Sitzungsberichte Abt. III, Bd. 112.

bewegung bis zur extremsten Seitenstellung der Bulbi reagiert. Desgleichen können wir bei Patienten mit vollkommener Lähmung des willkürlichen Blickes nach rechts und links nur die langsame Komponente auslösen. Das Widerspiel der labyrinthären und zentralen Impulse ergibt den Rhythmus des Nystagmus und findet erst seinen Abschluß mit dem Erlöschen des labyrinthären Reizes.

Den ersten Untersuchern entging die langsame Komponente, und sie bezeichneten die Richtung des Nystagmus nach der raschen Augenbewegung. Man ist aus Bequemlichkeit (weil für die Beobachtung leichter) dabei geblieben und bezeichnet einen Nystagmus „nach rechts", wenn die rasche Komponente nach rechts gerichtet ist, und einen Nystagmus „nach links", wenn die rasche Komponente nach links schlägt. Noch ein wichtiges Symptom müssen wir feststellen: wenn wir die Versuchsperson, bei der wir einen Nystagmus ausgelöst haben, nach der Richtung der raschen Komponente hinblicken lassen, so verstärkt sich der Nystagmus; beim Blick nach der Richtung der langsamen Komponente wird er abgeschwächt oder ganz aufgehoben. Vielleicht läßt sich diese Erscheinung in der Weise erklären, daß wir im ersteren Falle die zentrale Komponente durch einen neuen willkürlichen Impuls unterstützen, im letzteren Falle der Entfaltung der Schnellkomponente entgegenarbeiten.

Von diesem Gesetz der Verstärkung des Nystagmus beim Blick nach der raschen Komponente machen wir bei allen Untersuchungen Gebrauch, indem wir bei der Auslösung eines Nystagmus die Versuchsperson von vornherein nach der Richtung hin blicken lassen, wo wir den Nystagmus erwarten. In Fällen, wo wir darüber noch nicht im klaren sind, oder wo es sich erst um die Feststellung handelt, ob ein Nystagmus überhaupt vorhanden ist, lassen wir abwechselnd die eine oder die andere Blickrichtung nehmen; am besten, indem wir den Patienten anweisen, unserem vorgehaltenen, bald nach rechts bald nach links dirigierten Zeigefinger zu folgen. So können wir uns auch von dem Grad des künstlich ausgelösten oder pathologischen (spontanen) Nystagmus überzeugen. Wenn der Nystagmus erst beim Blick gegen die zu erwartende Schlagrichtung (rasche Komponente) hin auftritt, sprechen wir von einem mäßig starken Nystagmus (I. Grades); tritt er auch beim Blick geradeaus auf — von einem starken Nystagmus (II. Grades); tritt er sogar auch beim Blick nach der der Schlagrichtung entgegengesetzten Seite auf — von einem sehr starken Nystagmus (III. Grades).

Außer der Schlagrichtung und dem Grad prüfen wir noch die Schlagebene, ferner die Dauer des Nystagmus mit Hilfe der Stoppuhr, die Zahl der Schläge mittels Auszählens und ihre Qualität. Je nach der Frequenz in einer Zeiteinheit sprechen wir von einem grob-, mittel- oder feinschlägigen Nystagmus. Selbstverständlich wird der rechte und der linke Vestibularapparat gesondert geprüft.

Der Begriff „Schlagrichtung" versteht sich von selbst; wir sprechen von einem Nystagmus nach rechts oder links, je nachdem die Schnellkomponente nach rechts oder links schlägt; ebenso von einem Nystagmus nach oben oder unten oder sogar von einem diagonalen Nystagmus. Wir werden später sehen, wie die Schlagrichtung von der Richtung der Endolymphbewegung bedingt ist und wie wir dieselbe vom Ewaldschen Fundamentalsatz abzuleiten vermögen, der da lautet: Die langsame Komponente bewegt sich im gleichen Sinne wie die Endolymphbewegung; die rasche im entgegengesetzten Sinne. [1]

Bezüglich der Schlagebene wollen wir vorläufig bemerken, daß wir von einem horizontalen Nystagmus sprechen, wenn eine Verschiebung der Bulbi in der Horizontalebene erfolgt; von einem rotatorischen Nystagmus, wenn sich die Bulbi um ihre sagittale Achse drehen, oder von einer Mischform, dem rotatorisch-horizontalen Nystagmus. Die Schlagebene können wir von vornherein ermitteln durch die Feststellung, welche der drei Bogengänge durch den Reiz getroffen wurden, bezw. wie deren Stellung im Raume zur Zeit der Reizwirkung war; dabei gilt der von Flourens aufgestellte Satz: Die Schlagebene jedes gereizten Bogenganges ist parallel zur Ebene desselben, d. h. bei gerader Kopfhaltung löst der horizontale Bogengang einen horizontalen, der sagittale einen sagittalen, der frontale einen rotatorischen Nystagmus aus. Wenn wir durch die Veränderung der Kopfstellung die Lage der Bogengänge im Raume verändern, wird jeder gereizte Bogengang einen Nystagmus in jener Ebene aufweisen, in der er sich gerade befindet. Wir kommen noch auf dieses wichtige Kapitel zurück, wollen jedoch zunächst, um unsere Ausführungen über die verschiedenen Reizarten dem Verständnis näher zu bringen, einen klassischen Versuch von Ewald anführen.

---

[1] Ewald J. R.: „Physiologische Untersuchung über das Endorgan des Nerv. octavus." Wiesbaden 1892.

Da die Vögel bei Reizung ihres Vestibularapparates nicht nur mit einem Augen-, sondern auch mit einem Kopfnystagmus (selten auch bei Menschen beobachtet) reagieren, wählte dieser Autor für seinen Versuch Tauben. Er präparierte zunächst den r e c h t e n knöchernen Bogengang heraus, bohrte am glatten Schenkel desselben eine Öffnung und drückte durch diese eine Plombenmasse so fest auf den häutigen Bogengang ein, daß dessen Lumen vollständig und dauernd verschlossen wurde. Zwischen Plombe und Ampulle wurde eine z w e i t e Oeffnung angelegt und in diese ein pneumatischer Hammer eingekittet, der mit einem Gummiballon durch ein Schlauchstück verbunden wurde. Durch Kompression des Ballons drückte der Hammer den häutigen Bogengang zusammen; bei Nachlassen des Druckes — Aspiration — kehrte er in seine erste Stellung zurück, und das Lumen wurde wieder frei.

Was geschah nun? Bei K o m p r e s s i o n mußte die Endolymphe ampullopetal strömen, da ihr der Weg zum glatten Ende verschlossen war; bei Aspiration ging die Endolymphe gegen das glatte Ende — ampullofugal — wieder zurück. Im ersten Falle erfolgte eine Endolymphströmung entgegengesetzt dem Sinne eines Uhrzeigers, also (von rechts) nach links, folglich nach dem früher Gesagten: vestibuläre Komponente nach links, zentrale Komponente nach rechts und, da wir den Nystagmus nach der zentralen Komponente bezeichnen, e i n e h o r i z o n t a l e K o p f - u n d A u g e n b e w e g u n g n a c h r e c h t s. Bei der Aspiration erfolgte die Endolymphströmung gegen das glatte Ende, im Sinne des Uhrzeigers (von links) nach rechts, also vestibuläre Komponente nach rechts, Schnellkomponente nach links, d. i. N y s t a g m u s n a c h l i n k s. Derselbe Versuch ergibt für den linken horizontalen Bogengang: bei K o m p r e s s i o n gleichfalls ampullopetale Endolymphströmung, also hier im Sinne des Uhrzeigers (von links) nach rechts; langsame Komponente nach rechts, schnelle Komponente nach links — daher N y s t a g m u s n a c h l i n k s. Bei A s p i r a t i o n ampullofugale Endolymphströmung entgegengesetzt dem Sinne des Uhrzeigers (von rechts) nach links, langsame Komponente nach links, schnelle nach rechts — daher N y s t a g m u s n a c h r e c h t s. Ewald hat seine Versuche an allen Bogengängen durchgeführt.

Eine analoge Erscheinung sehen wir bei p a t h o l o g i s c h e n Bogengangfissuren den L a b y r i n t h f i s t e l n. In manchen Fällen fortschreitender Mittelohreiterung erfolgt ein Übergreifen der Caries auf die knöcherne Labyrinthkapsel, die usuriert wird, so daß das häutige Labyrinth an dieser Stelle bloßliegt. Die Prädilektionsstellen sind das

Steigbügelfenster und insbesondere der zum Teil ins Antrum hinein-ragende horizontale Bogengang. Wenn wir nun den äußeren Gehörgang mittels einer mit einem Gummiballon verbundenen Glasolive hermetisch verschließen und durch Druck auf den Ballon die Luft im äußeren Gehörgang und der Trommelhöhle komprimieren, so pflanzt sich derselbe bis in die Labyrinthfistel fort und bewirkt eine Endolymphbewegung und daher Nystagmus nach der einen Seite, bei einer Aspiration nach der entgegengesetzten Seite. In der Mehrzahl der Fälle erfolgt — wie beim Ewaldschen Versuche — bei Kompression Nystagmus zur selben Seite; bei Aspiration zur entgegengesetzten Seite: „gerades Fistelsymp-tom". Kommt aber eine entgegengesetzte Reaktion zustande, so spricht man von einem „verkehrten Fistelsymptom". Es kann nämlich die Endolymphe ampullopetal oder ampullofugal abfließen; sie wählt den-jenigen Weg, wo sie den geringeren Widerstand findet. Da eine Labyrinth-fistel in den meisten Fällen mit einer zirkumskripten Labyrinthitis verbunden ist, so entscheidet der Sitz der entzündlichen Veränderung über die Richtung des größeren oder geringeren Widerstandes. Der positive Ausfall des durch pressorischen Reiz ausgelösten Nystagmus sichert die Diagnose einer bestehenden Labyrinthfistel. Der Druckreiz ist der stärkste aller anderen Reizarten — mechanischen, thermischen und galvanischen — die im folgenden besprochen werden sollen, wo-bei wir gleich betonen müssen, daß eine exakte klinische Untersuchung alle drei, bezw. vier Prüfungsmethoden notwendig macht.

Es sei noch erwähnt, daß sich in manchen Fällen von Lues hereditaria, wie Hennebert[1] zuerst beobachtet hat, bei intaktem Trommelfell ein pressorischer Nystagmus auslösen läßt.

REIZARTEN DES VESTIBULARIS.

A. MECHANISCHE REIZUNG (DREHNYSTAGMUS).

Die dazugehörige Kompressions- und Aspirationsreizung haben wir bereits besprochen und wollen uns nunmehr dem Drehnystagmus zuwenden. Die dazu erforderlichen Instrumente sind: ein Drehstuhl, eine undurchsichtige Brille, eine Stoppuhr und ein Blickfixator.

---

[1] Hennebert: Labyrinthite double. Réflexe moto-oculaire. Arch. internat. de Laryngol., de Otologie etc. 1905.

1. Reizung des horizontalen Bogenganges.

Wir lassen die Versuchsperson auf einem Drehstuhl Platz nehmen, das ist ein Sessel, dessen Sitzfläche durch eine an der Lehne und diese überragende vertikal angebrachte Metallstange — als Handhabe — nach rechts (Drehung zur rechten Hand hin) und nach links (Drehung zur linken Hand hin) rotiert werden kann, setzen ihr die undurchsichtige Brille auf und weisen sie an, direkt in dieselbe zu schauen. Dadurch wird jede Akkomodation ausgeschaltet, so daß die für den Nystagmus in Betracht kommenden Augenmuskeln — jeweils der Musculus rectus internus des einen und Musculus rectus externus des anderen Auges — in uneingeschränkter Funktion wirken können. Bei bestehendem Spontannystagmus wird der Blickfixator mittels einer Binde um die Stirn der Versuchsperson befestigt. Bei mehr als der Hälfte aller Menschen mit normalem Vestibularapparat zeigt sich nämlich bei der Endstellung der Augen ein geringer spontaner, horizontaler und rotatorischer Nystagmus bei beiden Blickrichtungen, wahrscheinlich auf einem leichten Grad von Ermüdungsschwäche der Augenmuskeln beruhend. Um die dadurch entstehende Ungenauigkeit bei Abschätzung des Grades eines künstlich erzeugten Nystagmus zu beheben, hat Bárány[1]) diesen Apparat angegeben. Er besteht aus einem rechtwinkelig nach unten abgebogenen, in der Horizontalen drehbaren Stäbchen, das an seinem Ende einen Knopf trägt. Wir suchen nun, indem wir die Versuchsperson den Knopf fixieren lassen, jene seitliche Stellung der Augen auf, bei der gerade noch kein Spontannystagmus mehr sichtbar ist, und stellen so den Grad desselben fest. Dadurch, daß wir nach der Ausführung der Vestibularreizung die Augen der Versuchsperson die früher ermittelte Stellung einnehmen lassen, wird ein etwaiger Abschätzungsfehler vermieden. Nun nehmen wir die Stoppuhr in die eine Hand, fassen mit der anderen die Handhabe des Drehstuhles und beginnen mit den Umdrehungen zum Beispiel nach links, das heißt um die linke Hand der Versuchsperson herum, das ist entgegengesetzt dem Sinne eines Uhrzeigers. Die Umdrehungen erfolgen nicht zu rasch (etwa 20 Sekunden für zehn Rotierungen berechnet). Wir drehen die Versuchsperson zehnmal um ihre Längsachse und halten plötzlich — „mit einem Ruck" stille. Wir sagten schon früher, daß nicht bei allen Reizarten die Reizempfänglichkeit zur Intensität des Reizes in einem gleichen Verhältnis stehen muß; in der Tat hat Bárány gefunden, daß der Reiz bei

---

[1]) „Physiologie und Pathologie des Bogengangapparates." Franz Deuticke, 1907.

3*

zehnmaliger Umdrehung seine stärkste Wirksamkeit entfaltet. Mit dem Momente des plötzlichen Anhaltens zählen wir — während wir die Versuchsperson noch immer mit geradeaus gerichtetem Blick in die Brille sehen lassen — die Zahl der Nystagmusschläge (rasche Komponente!) und lesen an der Stoppuhr die Zeit der Nystagmusdauer ab, haben auch die Qualität der einzelnen Schläge beobachtet und des ferneren bemerkt, daß es ein horizontaler, nach rechts gerichteter Nystagmus ist. (Man findet im Mittel bei der Drehung nach rechts eine Nystagmusdauer von 41 Sekunden bei ca. 25 bis 30 Schlägen; bei der Drehung nach links ca. 20 bis 25 Schläge bei einer Nystagmusdauer von ca. 39 Sekunden.)

Frage a): Warum horizontaler Nystagmus?

Frage b): Warum nach rechts?

a) Schlagebene.

Zur Beantwortung dieser Frage wollen wir noch einiges über die Ermittlung der Schlagebene nachtragen. Wir sagten oben: Jeder gereizte Bogengang erzeugt einen Nystagmus in der Ebene, in der er sich zur Zeit der Reizung befindet. Vorausgesetzt, daß der horizontale Bogengang wirklich in der rein horizontalen Ebene gelagert ist, würden wir, aufrechte Kopfhaltung angenommen, bei Reizung dieses Bogenganges einen reinen horizontalen Nystagmus erhalten. Dem ist aber nicht ganz so, denn der horizontale Bogengang ist ein wenig nach hinten unten und hinten außen gelagert. Der Winkel, den er mit der Horizontalebene des Kopfes (nach Breuer durch die unteren Orbitalränder und Mitte der äußeren Gehörgänge gedacht) bildet, variiert bis 30° (Schönemann[1]). Wollen wir also diese Fehlergrenze korrigieren, so müssen wir den Kopf der Versuchsperson um ca. 30° nach vorne neigen. Dann haben wir den horizontalen Bogengang tatsächlich horizontal gestellt und ihn in eine Lage versetzt, wo seine Endolymphbewegung die größte Entfaltung finden kann. Wir sagen mit Brünnings:[2] Der Bogengang befindet sich in seiner Optimumstellung. Die einfachste physikalische Erwägung besagt uns, daß die im Bogengangkanal eingeschlossene Endolymphe ihre unbehindertste Fortbewegung findet, wenn ihre Ebene genau senkrecht auf der Drehungsachse steht; je mehr wir durch Kopf-

---

[1] Schönemann: „Schläfebein und Schläfebasis." Neue Denkschriften der Schweizer Allgemeinen Gesellschaft für die gesamte Naturwissenschaft. 1906, Bd. XL.

[2] Brünnings: „Beiträge zur Theorie etc." Z. f. O., 63 Bd., Heft 1 und 2.

neigung den Winkel zwischen der vertikalen Drehungsachse und der Ebene des horizontalen Bogenganges verkleinern, das heißt, je mehr wir den horizontalen Bogengang „aufstellen", desto mehr verschlechtern sich seine Vorbedingungen für die unbehinderte Endolymphbewegung, bis sie gleich Null werden, wenn er vertikal aufgestellt ist, das heißt, wenn seine Ebene zu der vertikalen Drehungsachse parallel wird — Pessimumstellung des Bogenganges. Aus dieser Erwägung geht hervor, daß, während der horizontale Bogengang bei Drehung um die vertikale Achse seine optimale Stellung einnimmt, die vertikalen Bogengänge sich in ihrer Pessimumstellung befinden. Je mehr wir den Kopf der Versuchsperson nach vorne oder rückwärts neigen, desto mehr verläßt der horizontale Bogengang seine empfängliche Lage, und desto mehr rückt der frontale Bogengang in die begünstigtere Position, bis dieser seine Optimumstellung erreicht, während sich der horizontale Bogengang senkrecht aufstellt und seine Pessimumlage erreicht. Siehe Fig. 8.

Wenn wir den Kopf auf die rechte oder linke Schulter neigen, hat der sagittale Bogengang seine Optimumstellung erreicht, während sich die beiden anderen Bogengänge in ihrer Pessimumstellung befinden. Siehe Fig. 9. Die zwischen den extremen Stellungen variablen Übergangsformen ergeben eine Reihe von Kombinationsmöglichkeiten, und es wäre schwierig, sich die jeweils resultierende Schlagebene theoretisch zu konstruieren.

Deshalb hat Bárány[1]) ein empirisch gefundenes Gesetz angegeben, das besagt: Der Nystagmus bleibt im Raume in der Horizontalen; das heißt: bei Drehung um die vertikale Achse ergibt die Schnittlinie der Horizontalebene mit der Cornea die Schlagebene des Nystagmus. Also: Drehung bei aufrechtem Kopf; die Horizontalebene schneidet die Cornea quer durch; es erfolgt horizontaler Nystagmus. Neigung des Kopfes gegen die rechte oder linke Schulter. Die Horizontalebene schneidet die Cornea von oben nach unten durch, daher vertikaler Nystagmus. Beugung des Kopfes nach vorne oder rückwärts; die Horizontalebene schneidet die Cornea parallel zur Iris kreisförmig durch, also rotatorischer Nystagmus. Alle Zwischenstellungen ergeben einen gemischten Nystagmus, also horizontal-rotatorisch usw..

---

[1]) Bárány: „Untersuchungen über den vom Vestibularapparat des Ohres reflektorisch ausgelösten rhythmischen Nystagmus und seine Begleiterscheinungen." M. f. O., 1906.

b) Schlagrichtung.

Wir sagten beim Drehversuch nach links, daß beim plötzlichen Anhalten ein Nystagmus nach rechts auftrete. Um die Schlagrichtung nachzuweisen, denken wir uns die beiden horizontalen Bogengänge zu je einem mit Flüssigkeit erfüllten Kreisring ergänzt (der zweite Flüssigkeitshalbring aus dem Vestibulum), und nun wollen wir die Endolymphbewegung in beiden horizontalen Bogengängen des näheren betrachten.

Wir drehen die Versuchsperson (also beide Vestibularapparate) nach links. Beim Beginn der Drehung wird die Endolymphe vermöge der Trägheit der Massen eine kurze Zeitlang zurückbleiben, so, als ob der Bogengang über den Endolymphring hinübergleiten würde; es wird also die Cupula einen Stoß in dem der Drehungsrichtung entgegengesetzten Sinne erhalten, also gleichbedeutend einer relativ rückläufigen Endolymphbewegung (von links über vorn) nach rechts in beiden horizontalen Bogengängen, und zwar im linken ampullopetal (siehe Fig. 6, Richtung af → ap), im rechten ampullofugal (siehe Fig. 6 Richtung bp → bf).

L   Figur 6.   R

Rückansicht der Bogengänge

af → ap und bp → bf = Richtung der Endolymphbewegung beim ersten Anstoß.
ap → af und bf → bp = Richtung der Endolymphbewegung beim plötzlichen Stehenbleiben.

Der vestibulären Komponente nach rechts entspricht eine zentrale Komponente nach links. Wir würden also beim ersten Stoß einen Nystagmus nach links erhalten.

Das nächste Schicksal der Endolymphe ist für den Nystagmus gar nicht entscheidend; denn nach dem ersten wirksamen Moment der Cupularreizung im Beginne der Drehung fällt der Endolymphe eine passive Rolle zu, indem sie zufolge des Reibungswiderstandes vom rotierenden Bogengang einfach mitgenommen wird, „als ob sie mit demselben festgefroren wäre". Wenn wir also den Nystagmus während der Drehung untersuchen würden, würden wir für beide Vestibularapparate einen Nystagmus nach links konstatieren.

Wir müßten allerdings, um diesen Nystagmus verfolgen zu können, uns mit der Versuchsperson mitdrehen, was auf einer Drehscheibe, welche Versuchsperson und Untersucher zugleich aufnimmt, möglich wäre. Da man über einen solchen umständlichen und kostspieligen Apparat in der Regel nicht verfügt, greift man zu folgendem Auskunftsmittel: nach zehnmaliger Linksumdrehung halten wir mit einem Ruck die Drehung auf. Was spielt sich dabei im Bogengange ab? Zufolge der Trägheit der Massen wird die Endolymphe — während sich der Bogengang bereits in Ruhe befindet — eine Zeitlang in der Richtung der Drehung sich noch fortbewegen, also das Bestreben haben, links herum zu kreisen, mithin eine Endolymphströmung (von rechts über vorne) nach links in beiden horizontalen Bogengängen stattfinden, und zwar im linken Bogengange ampullofugal, im rechten ampullopetal und dementsprechend die langsame Komponente nach links und die Schnellkomponente nach rechts, entgegengesetzt also dem durch den ersten Anstoß hervorgerufenen Nystagmus. Damit erscheint die oben aufgeworfene Frage „warum nach rechts?" gelöst. Dieser Nystagmus, der sogenannte Nachnystagmus, ist es, der beim Drehreiz stets geprüft wird.

Wir haben schon oben erwähnt, daß nach den Versuchen Ewalds beim horizontalen Bogengang eine Endolymphbewegung gegen die Ampulle hin stärkere Sensationen hervorruft, daß diese Richtung also die wirksamere ist, als die gegen den glatten Schenkel hin (die weniger wirksame Richtung); in den vertikalen Bogengängen ist das Umgekehrte der Fall. Wir können daher im Hinblick auf den beim Drehreiz auftretenden Nystagmus zur Bestimmung der Nystagmusrichtung der horizontalen sowie vertikalen Bogengänge sagen:

Eine Endolymphbewegung in der wirksameren Richtung ruft einen der Seite des gereizten Bogenganges gleichnamigen Nystagmus hervor; eine Endolymphbewegung in der weniger wirksamen Richtung einen der Seite des gereizten Bogenganges ungleichnamigen Nystagmus; oder bloß in bezug auf den horizontalen Bogengang:

Ampullopetale Endolymphbewegung — gleichnamige Nystagmusrichtung; ampullofugale Endolymphbewegung — ungleichnamige Nystagmusrichtung.

Also: Drehung nach links:

Rechter horizontal. Bogengang. Relativ rückläufige Endolymphbewegung beim Beginn der Drehung: ampullofugal. Ny ungleichnamig = nach links.	Linker horizontal. Bogengang. Relativ rückläufige Endolymphbewegung beim Beginn der Drehung: ampullopetal. Ny gleichnamig = nach links.

Beim Anhalten das umgekehrte Verhältnis.

(Nach)nystagmus = nach rechts.	(Nach)nystagmus = nach rechts.

Drehung nach rechts:

Rechter horizontal. Bogengang. Relativ rückläufige Endolymphbewegung beim Beginn der Drehung: ampullopetal. Ny gleichnamig = nach rechts.	Linker horizontal. Bogengang. Relativ rückläufige Endolymphbewegung beim Beginn der Drehung: ampullofugal. Ny ungleichnamig = nach rechts.

Beim Anhalten das umgekehrte Verhältnis.

(Nach)nystagmus = nach links.	(Nach)nystagmus = nach links.

Wir sehen also, daß sich beim Drehreiz beide horizontale Bogengänge in ihrer Wirkung gegenseitig verstärken, daß sich also ihre Reize summieren. Wir sehen ferner, daß bei Beginn der Drehung nach links — der linke Bogengang (weil ampullopetal) — stärker erregt wird; bei Drehung nach rechts (weil ampullopetal) — der rechte

Bogengang. Beim Anhalten kehrt sich das Verhältnis um. Wollen wir daher den rechten horizontalen Bogengang (in seiner stärkeren Reizentfaltung) prüfen, so drehen wir links herum, das ist entgegengesetzt dem Sinne eines Uhrzeigers; wollen wir den linken prüfen, so drehen wir rechts herum, das ist im Sinne eines Uhrzeigers.

Es wird also im ersten Falle der Nachnystagmus größtenteils vom rechten, im letzten Falle vom linken Vestibularapparat ausgelöst.

Daß aber trotz ungleich starker Erregung der beiden intakten Vestibularapparate bei Links- oder Rechtsdrehung beiderseits ein gleich starker und gleich lang dauernder Nystagmus ausgelöst wird, also assoziierte Bewegungen der Augen stattfinden, erklärt sich aus dem retrolabyrinthären Verlauf des Nerv. vestib. Vor seinem Eintritte in die Medul. oblong. passiert er die bipolaren Zellen des Gangl. vestib. In der Medulla endigt er in vier Kernen (Cajal) [1]). Von einem dieser Kerne, dem Deitersschen, ziehen Fasern ins Rückenmark (davon später), von einem anderen, dem Bechterewschen Kern, ziehen durch die beiden hinteren Längsbündel gekreuzte und ungekreuzte Fasern zu den Abducens- und Oculomotoriuskernen, so daß jeder dieser Kerne vom rechten und vom linken Vestibularapparat erregt wird und seine Impulse gleichzeitig zu den Muskeln beider Augen schickt (siehe Fig. 7). Dieser Umstand macht es auch erklärlich, daß bei der vollständigen Zerstörung des einen Labyrinthes von der gesunden Seite aus mechanisch (und, wie wir später sehen werden, auch thermisch) ein Nystagmus nach beiden Seiten erzeugt werden kann — allerdings ist der Nystagmus nach der labyrinthlosen Seite von geringerer Intensität und kürzerer Dauer.

Als Abkürzung bedienen wir uns bei der Bezeichung der Schlagebene folgender Zeichen:

horizontaler   Ny = ⇆

vertikaler   Ny = ⇅

rotatorischer   Ny = ⌢ ⌢

diagonaler   Ny = ⤪ ⤢

horizontaler und rotatorischer Ny = ⬅ ➡

---

[1]) Cajal S. R.: „Histologie du Système nerveux de l'homme et des vertébrés. 1909."

Manche Autoren bestimmen, um den **q u a n t i- t a t i v e n** Erregungsgrad zu messen, die **R e i z- s c h w e l l e**, das heißt, sie ermitteln die Zahl der Umdrehungen, die den Nystagmus eben auszulösen imstande ist. Nach der Wiener Schule mißt man die **N y s t a g m u s d a u e r** bei **z e h n** Umdrehungen. Dabei zeigt es sich, daß der linke Vestibularapparat um ein geringes weniger erregbar ist als der rechte.

(Nach)nystagmusdauer rechts zirka 41 Sekunden, links zirka 39 Sekunden. Als Maximum fand **B á r á n y** bei intaktem Vestibularapparat 80 Sekunden, als Minimum 25 Sekunden. Alter und Individualität spielen dabei eine Rolle. Wir sprechen einen Vestibularapparat als gesund an, wenn er auf Drehreiz mit einer Nachnystagmusdauer von mindestens 15 Sekunden reagiert.

Figur 7.

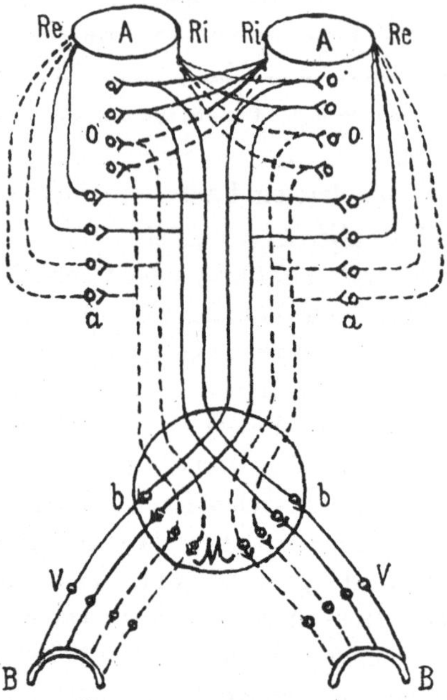

Schema für die Auslösung der vestibulären (langsamen) associierten Augenbewegungen nach **B á r á n y**

B B = Bogengang; v v = Gangl. vestib. M = Medulla; b b = Bechterewscher Kern; aa = Abducenskern; oo = Oculomotoriuskern; A A = Auge; Ri Ri = Musc. rect. int.; Re Re = Musc. rect. ext..

Wir notieren also, um beispielsweise das Resultat einer Drehreizung anzugeben:

bei Drehung nach links: mittelschlägiger horizontaler (Nach)- nystagmus nach rechts, 41 Sekunden Dauer (mit 30 Schlägen). Da wir beim Anhalten nach der Drehung die Versuchsperson geradeaus in die Brille blicken lassen, so untersuchen wir den Nystagmus in der zweiten Gradstellung. Erst wenn diese keinen Ausschlag ergibt, lassen wir in jene Richtung blicken, wo wir den Nystagmus erwarten. Wir wollen noch erwähnen, daß manche Individuen bei der Drehprüfung einen Konvergenzkrampf bekommen, der die Entfaltung des Nystagmus hemmt. In diesen Fällen ist auch ein Drehversuch ohne Brille vorzunehmen.

Daß sich auch anderseits bei einem Strabismus Schwierigkeiten ergeben können, versteht sich von selbst.

2. Reizung des frontalen Bogenganges.

Da die Rotation des Körpers bei Erzeugung des Drehreizes in der horizontalen Ebene erfolgt, so müssen wir bei der Prüfung des frontalen Bogenganges diesen horizontal stellen. Dies geschieht durch Beugung des Kopfes nach vorne oder rückwärts um zirka 90°. Wir

Figur 8.

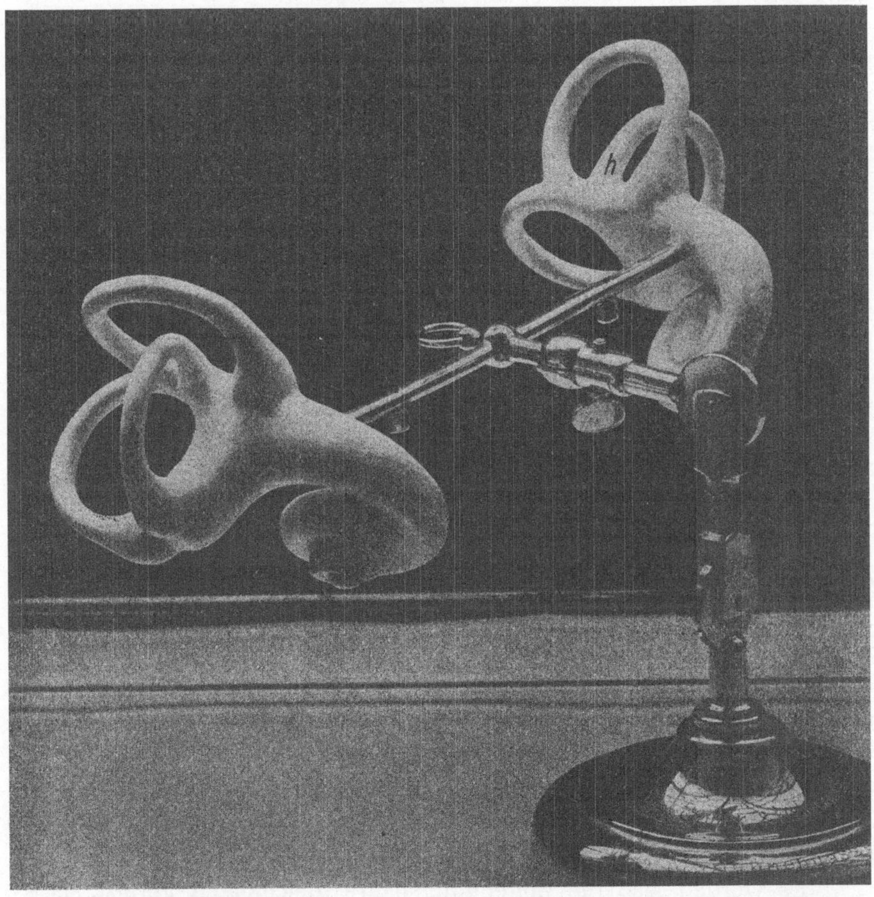

h und h = die durch Beugung des Kopfes nach vorne frontal eingestellten horizontalen Bogengänge mit der Konvexität nach oben.

ziehen die Vorwärtsneigung — weil für die Versuchsperson bequemer — vor. Wir wollen uns dabei erinnern, daß nach dem Ewaldschen Gesetz (s. o.) in den vertikalen Bogengängen eine Endolymphbewegung zum glatten Ende hin eine stärkere Reizwirkung ausübt, als eine solche gegen die Ampulle hin (vom horizontalen Bogengang gilt das Umgekehrte), und daß eine Endolymphbewegung in der wirksameren Richtung einen der Seite des gereizten Bogenganges „gleichnamigen" Nystagmus hervorruft; eine Endolymphbewegung in der weniger wirksamen Richtung eine der Seite des gereizten Bogenganges „ungleichnamigen" Nystagmus.

Wir wollen uns ferner daran erinnern, daß jeder gereizte Bogengang einen Nystagmus in seiner Ebene erzeugt.

Drehen wir also mit nach vorne gebeugtem Kopfe nach rechts, so erhalten wir einen rotatorischen (Nach)nystagmus nach links; drehen wir nach links, so erhalten wir einen rotatorischen (Nach)nystagmus nach rechts. (Siehe Fig. 8.)

Bringen wir den frontalen Bogengang durch Rückwärtsbewegung des Kopfes in die horizontale Ebene, so erhalten wir bei Rechtsdrehung einen (Nach)-nystagmus nach rechts; bei Linksdrehung einen (Nach)-nystagmus nach links.

Die Dauer des (Nach)nystagmus ist bei Reizung des frontalen Bogenganges geringer als die durch Rotation des horizontalen Bogenganges ausgelöste: 10—12 Sekunden.

3. Reizung des sagittalen Bogenganges.

Um diesen zu erregen, müssen wir den Kopf gegen die rechte oder linke Schulter neigen, denn so können wir den sagittalen Bogengang annähernd in die Horizontale einstellen.

In dieser Stellung (siehe Fig. 9) liegen beide Bogengänge zur selben Seite der Drehungsaxe, so daß in beiden Bogengängen eine gleichgerichtete Endolymphenbewegung erfolgt, während beim Drehreiz der horizontalen und frontalen Bogengänge — als zu beiden Seiten der Drehungsaxe gelegen — einer ampullopetalen Bewegung des Bogenganges der einen Seite eine ampullofugale des korrespondierenden Bogenganges entspricht.

Es werden also die Bogengangspaare gleichmäßig gereizt, sei es, daß die Bewegung in der wirksameren oder weniger wirksamen Richtung erfolgt.

Die Dauer des Nachnystagmus steht der bei Reizung des horizontalen oder frontalen Bogenganges beträchtlich nach: 5—8 Sekunden.

a) **Neigen wir den Kopf auf die rechte Schulter und drehen nach links** (siehe Fig. 9), so entsteht in beiden Bogengängen beim Beginn der Drehung eine relativ rückläufige Bewegung zur

Figur 9.

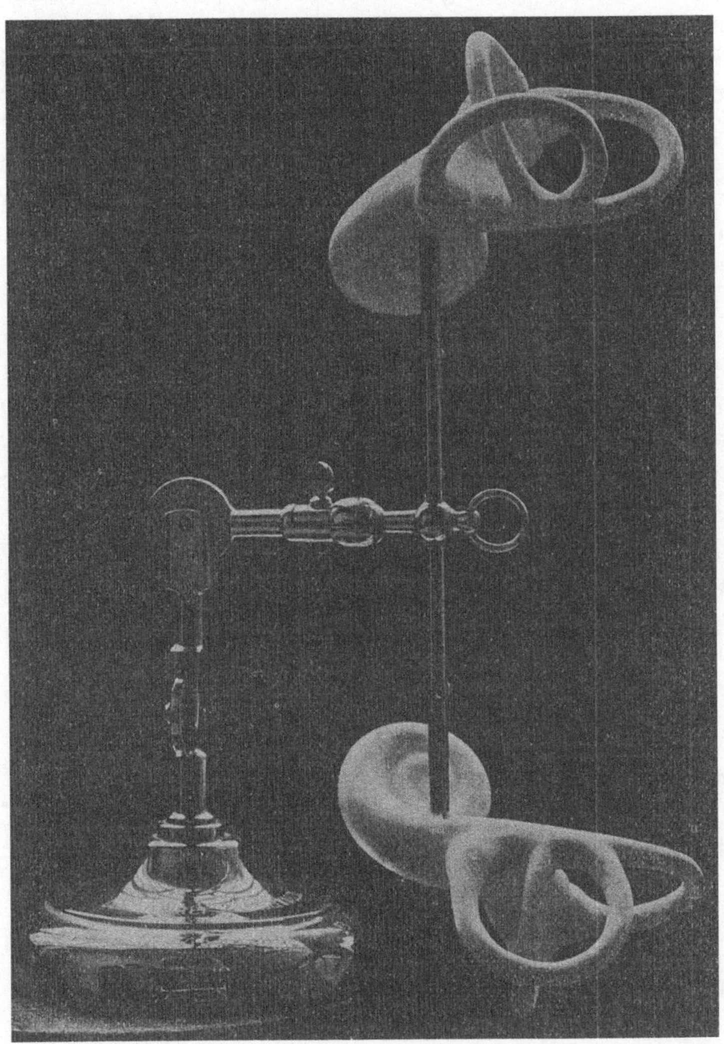

Neigung des Kopfes auf die rechte Schulter.

Ampulle hin; beim Anhalten eine Endolymphbewegung zum glatten Ende hin; letztere bei den vertikalen Bogengängen als wirksamere Richtung angesprochen: wir erhalten einen vertikalen (Nach)nystagmus nach oben, der unverändert bleibt, wenn wir die Versuchsperson — wie dies zur besseren Beobachtung stets geschieht — sogleich den Kopf aufrichten lassen. Drehen wir in dieser Kopflage (zur rechten Schulter geneigt) nach rechts, so erfolgt beim ersten Anstoß eine relativ rückläufige Bewegung zum glatten Ende; beim plötzlichen Anhalten: eine Endolymphbewegung zur weniger wirksamen Richtung, zur Ampulle hin, und wir erhalten einen (Nach)nystagmus nach unten.

b) Neigen wir den Kopf auf die linke Schulter und drehen nach rechts, so erfolgt in beiden Bogengängen beim ersten Anstoß eine relativ rückläufige Bewegung in ampullopetaler, beim Anhalten in ampullofugaler (wirksamerer) Richtung, und wir erhalten einen (Nach)nystagmus nach oben.

Drehen wir nach links, so erfolgt das Umgekehrte: beim ersten Anstoß eine relativ rückläufige Endolymphbewegung zum glatten Ende; beim Anhalten eine solche zur Ampulle (weniger wirksame Richtung) hin: wir erhalten einen (Nach)nystagmus nach unten.

Wir können also bezüglich des sagittalen Bogenganges den Satz aufstellen:

Die Endolymphbewegung in der wirksameren Richtung erzeugt einen vertikalen (Nach)nystagmus nach oben; in der weniger wirksamen Richtung einen solchen nach unten.

Zusammenfassend:

(Nach)nystagmus.

	Bei Drehung nach rechts	Bei Drehung nach links
Horizontaler Bogengang	⟶ l	r ⟵
Frontaler Bogengang a) Kopf nach vorne	⤻ l	r ⤸
b) Kopf nach rückwärts	r ⤸	⤻ l
Sagittaler Bogengang a) Kopf auf die rechte Schulter	↓	↓
b) Kopf auf die linke Schulter	↑	↑

B. THERMISCHE REIZUNG.

(Kalorischer Nystagmus) [1].

Nicht nur durch Drehung, sondern auch durch Ausspritzung eines labyrinthgesunden Ohres können wir alle jene Sensationen hervorrufen, die wir beim Drehreiz kennen gelernt haben. Doch muß sich die Temperatur des Wassers von der Körperwärme differenzieren, also niederer oder höher sein. Wasser von der Temperatur der Eigenwärme ruft keinerlei Sensation hervor. Auch bei der thermischen Reizung erhalten wir einen (horizontal-rotatorischen) Nystagmus, durch Endolymphströmung, bezw. Cupularstöße hervorgerufen. Die Richtung des Nystagmus ist auch hier der Ausdruck der Richtung der Endolymphbewegung, die beim Ausspritzen mit kaltem Wasser (zirka 27°) den entgegengesetzten Effekt hervorruft als bei Anwendung von warmem Wasser (zirka 48°). Diese von Bárány („kalorischer Nystagmus") ausgearbeitete Methode hat gegenüber dem Drehreiz den Vorteil, daß sie es uns ermöglicht, jeden Vestibularapparat für sich zu prüfen. Sie erfordert allerdings unbehinderte thermische Leitung zur Labyrinthkapsel und versagt nur ausnahmsweise in Fällen, wo ein äußerst verengter Gehörgang oder schlechte Wärmeleiter (Cholesteatom, eingedickter Eiter, Neubildungen usw.) sich in den Weg stellen. Aber auch hier führt oft ein protrahierter Wassereinlauf, eventuell mit stark herabgesetzter Temperatur bis 20°, doch zu einer Reizauslösung.

Bezüglich der Wertigkeit steht der kalorische Reiz über dem Drehreiz. Während dieser als physiologischer Reiz bei 10 Rotationen — wie wir früher gehört haben — seine stärkste Wirksamkeit entfaltet, ist die Intensität des kalorischen, als des experimentell ausgelösten Reizes bis zu einem gewissen Grade willkürlich steigerungsfähig; einerseits durch Vergrößerung der Differenz zwischen der Eigenwärme und der Temperatur der Spülflüssigkeit, anderseits durch Verlängerung der Spüldauer.

------

[1] Die Entdeckung des thermischen Nystagmus ging von Neumann aus. Auf diese führte ihn folgender Zufall: er reinigte eine Radikaloperationshöhle und versuchte die Entfernung einer am Bogengang fest haftenden Kruste mittels Äthers; bei der Berührung klagte der Patient über heftigen Schwindel, und gleichzeitig konnte ein Nystagmus konstatiert werden. Bárány hat dann das Wesen der thermischen Reizung durchforscht und ausgearbeitet.

In Fällen, wo eine Ausspritzung untunlich ist, wie bei trockenen Perforationen oder frischen Verletzungen des Trommelfelles, kann auch kalte Luft eingeblasen werden. (Äthergebläse.)

Die thermische Reizung beruht auf dem bekannten physikalischen Gesetz von den Flüssigkeitsströmungen, hervorgerufen durch Temperaturdifferenzen.

Erwärmt man ein mit einer Flüssigkeitsmenge gefülltes Gefäß, so steigen die erwärmten Flüssigkeitspartikelchen zufolge ihres geringeren spezifischen Gewichtes in die Höhe, während die kälteren zu Boden sinken; dadurch entsteht eine Kreisbewegung im Flüssigkeitsreservoir. Beim Abkühlen sinken die schwerer gewordenen Flüssigkeitspartikelchen zu Boden, die warmen steigen auf, und so entsteht auch hier ein Kreislauf im entgegengesetzten Sinne. Derselbe Vorgang vollzieht sich im abgekühlten oder erwärmten Bogengang; nur ist es wahrscheinlich, daß die auf niedrigere oder höhere Temperatur gebrachte Flüssigkeitssäule wegen ihres kleinen Kalibers sich in toto nach der einen oder anderen Richtung verschiebt. Es ist klar, daß eine Strömung sich umso unbehinderter und lebhafter entfalten kann, je höher die Flüssigkeitssäule steht. Spritzen wir also ein Ohr warm oder kalt aus, so wird der bei aufrechter Kopfhaltung quergestellte Bogengang die ungünstigsten Chancen für eine Flüssigkeitsbewegung bieten — er befindet sich in Pessimumstellung — die beiden vertikalen Bogengänge befinden sich bei dieser Kopflage allerdings in ihrer Optimumstellung; aber sie sind für den unmittelbaren thermischen Reiz in zu weiter Entfernung. Bloß der vordere Kanal wird in seiner Ampulle direkt getroffen, das glatte Ende desselben, sowie der hintere Kanal werden nur indirekt — letzterer durch Vermittlung des gemeinsamen Schenkels — thermisch alteriert, bis schließlich in allen drei Kanälen ein Temperaturausgleich stattfindet und sämtliche Bogengänge gleichmäßig abgekühlt bezw. erwärmt erscheinen. Trotz seiner ungünstigen Stellung reagiert der horizontale Bogengang beim Ausspritzen prompt, zumal er durch seine Neigung nach hinten unten ein kleines Gefälle aufweist, und gibt in Verbindung mit den Vertikalkanälen einen horizontal-rotatorischen Nystagmus. An der Hand meines Modells können wir die Optimum- und Pessimumlage der einzelnen Bogengänge auch für den thermischen Nystagmus einstellen und erkennen da, daß mit der Verbesserung der Stellung des horizontalen Bogenganges die verschlechterte Stellung des frontalen Kanals Hand in Hand geht. Wollen wir also dem horizontalen Bogengang seine Optimumstellung geben, so müssen wir den Kopf nach hinten beugen, und „wenn wir ihn überdies gegen die Schulter derselben Seite neigen, so daß der Bogengang, noch in der Vertikalen stehend, eine Drehung erfährt so haben wir seine optimale Lage noch verbessert, da dadurch die Fallhöhe der eingeschlossenen Endolymphsäule, daher auch ihre Exkursionsfähigkeit noch gesteigert wird". (Brünnings.)

Bezüglich der Schlagebene gilt, wie wir wissen, die Regel, daß jeder gereizte Bogengang einen Nystagmus in seiner Ebene erzeugt. Wenn wir bei aufrechter Kopfhaltung ausspritzen, wird, wie schon erwähnt, nicht nur der horizontale Halbzirkelkanal gereizt, sondern auch die seiner Ampulle benachbarte Ampulle des vorderen vertikalen Bogenganges; wir erhalten daher einen horizontal-rotatorischen Nystagmus; höchstens können wir in der Optimumstellung des horizontalen Bogenganges eine stärkere Betonung des horizontalen Nystagmus gegenüber dem rotatorischen erreichen. — Ein rein vertikaler Nystagmus kann durch thermische Reizung im allgemeinen nicht ausgelöst werden, da es bei keiner Kopflage möglich ist, den hinteren vertikalen Bogengang für sich allein zu erregen.

Bezüglich der Schlagrichtung haben wir bereits das Ewaldsche Gesetz kennen gelernt, das für sämtliche Bogengänge gilt:

Die vestibuläre Komponente des Nystagmus ist der Endolymphbewegung gleichgerichtet. Oder in anderer Form:

Beim horizontalen Bogengang ergibt die ampullofugale eine ungleichnamige Nystagmusrichtung; für die vertikalen Bogengänge gilt das umgekehrte Verhältnis.

Wir wollen nunmehr die Schlagrichtung bei thermischer Reizung des horizontalen Bogenganges nachweisen:

I. Aufrechte Kopfhaltung:

a) Kaltwasserausspritzung (siehe Fig. 10 u. 11):

Endolymphbewegung: vestib. Komp.	Endolymphbewegung: vestib. Komp.
nach rechts,	nach links,
also Nystagmus nach links.	also Nystagmus nach rechts.

Nach der andern Form des Ewaldschen Gesetzes:

ampullofugal = ungleichnamig,	ampullofugal = ungleichnamig,
also Nystagmus nach links.	also Nystagmus nach rechts.

4 Rauch, Funktionsprüfung.

Figur 10.

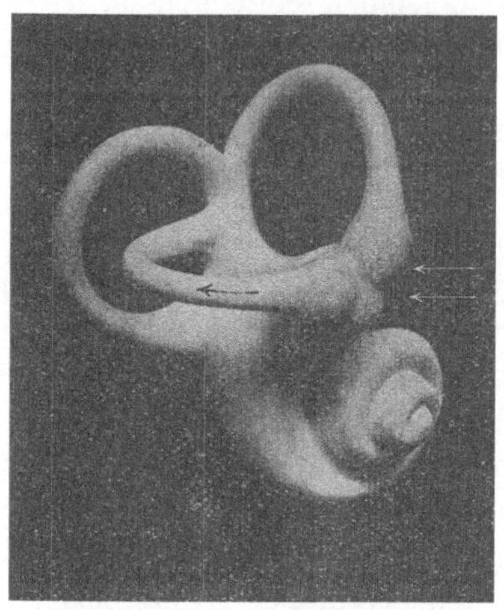

Linkes Labyrinth, Seitenansicht.

Figur 11.

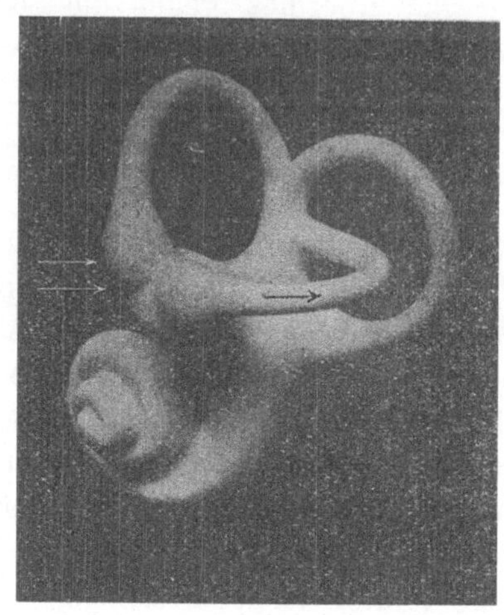

Rechtes Labyrinth, Seitenansicht.

b) Warmwasserausspritzung (siehe Fig. 12 u. 13):

Figur 12.

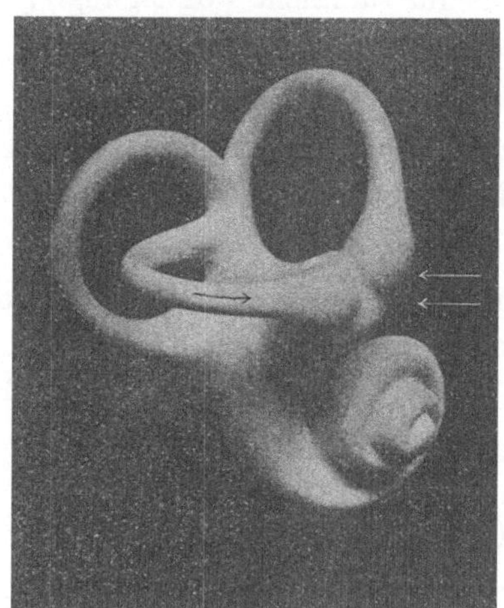

Rechtes Labyrinth, Seitenansicht.

Endolymphbewegung: vestib. Komp.
nach links,
also Nystagmus nach r e c h t s.

Figur 13.

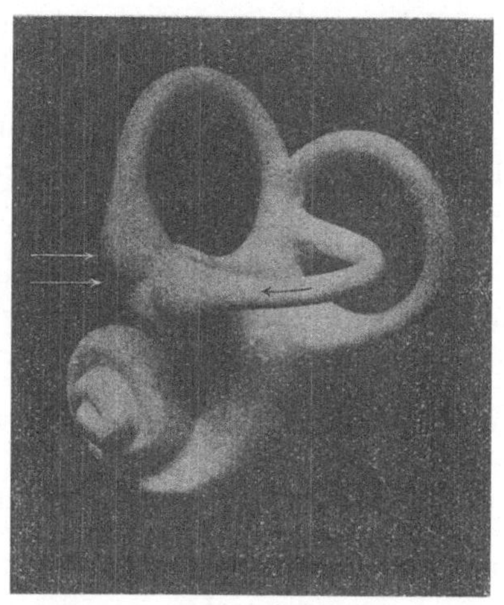

Linkes Labyrinth, Seitenansicht.

Endolymphbewegung: vestib. Komp.
nach rechts,
also Nystagmus nach l i n k s.

Nach der zweiten Form des Ewaldschen Gesetzes:

ampullopetal = gleichnamig,	ampullopetal = gleichnamig,
also Nystagmus nach r e c h t s.	also Nystagmus nach l i n k s.

Im v o r d e r e n v e r t i k a l e n B o g e n g a n g, wo die ampullofugale Endolymphbewegung die wirksamere Richtung ist, ergibt sich das Umgekehrte, also für Kaltwasserausspritzung:

ampullopetal = ungleichnamig,	ampullopetal = ungleichnamig,
also Nystagmus nach l i n k s.	also Nystagmus nach r e c h t s.

Für Warmwasserausspritzung:

ampullofugal = gleichnamig,	ampullofugal — gleichnamig,
also Nystagmus nach r e c h t s.	also Nystagmus nach l i n k s.

W i r s e h e n a l s o, d a ß b e i a u f r e c h t e r K o p f s t e l l u n g eine K a l t w a s s e r a u s s p r i t z u n g einen dem a u s g e s p r i t z t e n O h r e n t g e g e n g e r i c h t e t e n N y s t a g m u s, e i n e W a r m w a s s e r - a u s s p r i t z u n g einen dem a u s g e s p r i t z t e n O h r g l e i c h - g e r i c h t e t e n N y s t a g m u s e r z e u g t.

II. N e i g u n g d e s K o p f e s n a c h r ü c k w ä r t s bringt den horizontalen Bogengang in seine Optimumstellung und erzeugt dieselben Nystagmusverhältnisse wie oben; nur kommt der frontale Bogengang in die weniger begünstigte Lage, was sich in der Schlagebene (Überwiegen des horizontalen über den rotatorischen Nystagmus) kundgibt.

III. N e i g u n g d e s K o p f e s n a c h v o r n e.

a) Kaltwasserausspritzung:

Endolymphbewegung: links s. o.	Endolymphbewegung: rechts s. o.
Nystagmus: r e c h t s	Nystagmus: l i n k s

oder

ampullopetal = gleichnamig,	ampullopetal = gleichnamig,
also r e c h t s.	also l i n k s.

b) Warmwasserausspritzung:

Endolymphbewegung: rechts s. o.	Endolymphbewegung: links s. o.
Nystagmus: l i n k s	Nystagmus: r e c h t s

oder

ampullofugal = ungleichnamig,	ampullofugal = ungleichnamig,
also l i n k s.	also r e c h t s.

Wir bekommen daher bei Kopfneigung nach vorne einen Kaltwassernystagmus zur ausgespritzten, einen Warmwassernystagmus zur entgegengesetzten Seite.

IV. Ebenso läßt sich an der Hand des Modells ableiten, daß bei Neigung des Kopfes gegen die kalt ausgespritzte Seite ein Nystagmus zur entgegengesetzten Seite, und bei Neigung des Kopfes auf die der ausgespritzten Seite entgegengesetzte Schulter ein Nystagmus zur ausgespritzten Seite hervorgerufen wird; bei warmem Wasser kehrt sich das Verhältnis um, also:

Kaltwasserausspritzung:

Rechts:	Links:
Kopfneigung rechts = Nyst. links	Kopfneigung links = Nyst. rechts
Kopfneigung links = Nyst. rechts.	Kopfneigung rechts = Nyst. links.

Warmwasserausspritzung:

Rechts:	Links:
Kopfneigung rechts = Nyst. rechts	Kopfneigung links = Nyst. links
Kopfneigung links = Nyst. links.	Kopfneigung rechts = Nyst. rechts

Zusammenfassend:

Kalorischer Nystagmus.

	Kaltwasserspülung	Warmwasserspülung
Aufrechte Kopfhaltung	R.:  l	R.: r 
	L.: r 	L.:  l
Kopf nach rückwärts	R.:  l	R.: r 
	L.: r 	L.:  l
Kopf nach vorne	R.: r 	R.:  l
	L.:  l	L.: r 

	Kaltwasserspülung	Warmwasserspülung
Kopf auf die rechte Schulter	R.: L.:	R.: L.:
Kopf auf die linke Schulter	R.: L.:	R.: L.:

Da die durch Ausspritzung hervorgerufene Abkühlung, bzw. Erwärmung der Bogengänge eine Zeitlang fortdauert, so wird die Ausspritzung bei aufrechter Kopfhaltung vorgenommen und erst beim Auftreten des Nystagmus die uns interessierende Kopflage der Versuchsperson eingestellt.

Wenn beide Ohren (gleiche anatomische Beschaffenheit vorausgesetzt) gleichzeitig, mit gleicher Quantität und gleichtemperiertem Wasser (kalt oder warm) ausgespritzt werden, so wird bei intakten Vestibularapparaten keinerlei Reaktion hervorgerufen. Wir kommen in der Regel mit Kaltwasserausspritzungen aus. Wir können da bis auf 20° heruntergehen und haben eine Differenz zwischen dieser Temperatur und der Eigenwärme von 17°; einen so weiten Spielraum gewährt uns die Warmwasserausspülung, die im allgemeinen unangenehmer empfunden wird, nicht, da wir bis 48° gehen können, was einer Differenz von 11° entspricht. Wir machen von einer Warmwasserausspülung Gebrauch — abgesehen von Kontrollzwecken — um einen spontanen labyrinthären Nystagmus zu paralysieren. Wir werden später von vestibulären und zentralen Erkrankungen sprechen, die mit einem spontanen Nystagmus einhergehen. Es handelt sich dabei um pathologische Reizerscheinungen des Nervus vestibularis, sei es in seiner Endausbreitung im Vestibularapparat, sei es in seinem zentralen Verlaufe. Haben wir es da beispielsweise um einen, vom rechten Ohre ausgehenden, vestibulären Nystagmus nach links zu tun, so muß eine Warmwasserspülung rechts den spontanen linksseitigen aufheben.

Wir prüfen bei der thermischen Reizung zunächst das eine und dann — nach abgeklungener Reaktion — das andere Ohr. Patient sitzt auf einem Stuhl und hat eine Gummitasche mit einem Ableitungsschlauch, der in ein Meßgefäß führt, unter dem Ohr befestigt. Nun führen wir das Ausflußröhrchen eines circa $^1/_2$ m hochgehaltenen Irrigators in den äußeren Gehörgang ein und lassen Wasser von 27° einströmen, wobei wir die Versuchsperson auf die dem ausgespritzten Ohre entgegengesetzte Seite (wo wir den Nystagmus erwarten) blicken lassen. Wir hören mit dem Wassereinlauf in dem Momente auf, wo die ersten Nystagmusschläge auftreten, um den Vestibularapparat nicht über Gebühr zu reizen, und ersparen so dem Patienten größeres subjektives Unbehagen. In der Regel genügen 20 bis 30 Sekunden; bei entzündlichen Prozessen des Mittelohres, oder wo sonst die Leitungsverhältnisse schlecht sind, müssen wir die Spüldauer ausdehnen, eventuell mit der Temperatur des Wassers bis 22° und 20° heruntergehen. Ergibt die thermische Prüfung k e i n e Reizauslösung, so muß die Funktion des betreffenden Vestibularapparates als e r l o s c h e n betrachtet werden. Man kann immerhin zur Kontrolle noch einen Versuch mit dem Drehreiz machen, der zu keinem anderen Resultate führt, zumal wir diesen — wie bereits erwähnt — als den schwächeren Reiz betrachten müssen. (Die wenigen auftretenden Nystagmusschläge werden von der anderen gesunden Seite induziert!) Trotzdem kann in manchen Fällen, wo der Vestibularis weder auf Dreh- noch kalorischen Reiz anspricht, eine bestehende Labyrinthfistel durch das sogenannte „Fistelsymptom“ noch nachgewiesen werden, da der Kompressions- und Aspirationsreiz als der unmittelbarste Reiz am intensivsten wirkt.

Bezüglich der quantitativen Bestimmung der thermischen Erregbarkeit empfiehlt B r ü n n i n g s[1]) die Messung der Spülflüssigkeit, die notwendig ist, einen Nystagmus auszulösen (Reizschwelle). B á r á n y und die Wiener Schule geben der Nystagmusdauer (an der Stoppuhr gemessen) den Vorzug. Dieselbe beträgt normalerweise zirka zwei Minuten.

In jüngster Zeit hat K o b r a k eine Modifikation der thermischen Prüfung angegeben: er prüft den Grad der Erregbarkeit durch Ermittlung der Temperatur, die bei Anwendung geringer (ca. 2 cm³) Wassermengen hinreicht, gerade noch einen Nystagmus auszulösen.

Was nun das Verhältnis des mechanischen zum thermischen Reiz betrifft, so ist folgendes zu bemerken:

Dreh- und kalorischer Reiz sind verschieden bezüglich der R e i z - s t ä r k e und R e i z g r ö ß e. Der Drehreiz ist der physiologische adäquate Reiz, dessen Stärke beschränkt ist; er entfaltet bei 10 Drehungen seine größte Wirksamkeit, setzt plötzlich ein und ist von kurzer Dauer. Der

---

[1]) B r ü n n i n g s : „Beiträge zur Theorie, Methodik und Klinik der kal. Funktionsprüfung des Bogengangapparates.“ Z. f. O. 63. Band, Heft 1 und 2.

kalorische Reiz ist exzessiver, er ist gut dosierbar und bis zu einem gewissen Grade steigerungsfähig. Der thermische Reiz ist aber auch von längerer Wirkungsdauer und klingt langsamer ab als der rotatorische.

Beide Reize sind auch in ihrem Effekte insofern verschieden, als nur der kalorische Reiz bezüglich seiner Richtung und Ebene eine Abhängigkeit von der Kopflage aufweist, d. h.: wenn wir durch D r e h r e i z einen der Bogengänge erregen wollen, so stellen wir den Kopf der Versuchsperson so ein, daß der betreffende Bogengang in seiner optimalen Lage sich befindet, und der Bewegung der Endolymphe der weiteste Spielraum gelassen wird. Der nunmehr ausgelöste Nystagmus ändert bis zu seinem Abklingen Richtung und Ebene nicht, wenn wir auch dem Kopf dann eine andere Lage im Raume geben; der t h e r - m i s c h ausgelöste Nystagmus dagegen ändert durch Lageveränderung des Kopfes auch seine Richtung und Ebene.

Beide Reizarten beruhen auf einer Bewegung der Endolymphe und letzten Endes auf der durch diese ausgelösten mechanischen Reizung der vestibularen Sinnes-Endzellen.

Was jedoch die durch Rotation hervorgerufene Endolymphbewegung betrifft, so handelt es sich um eine Massenverschiebung, um eine Lokomotion der ganzen Flüssigkeitssäule in dem betreffenden Bogengang, die beim plötzlichen Haltmachen nach der Drehung ihre ganze vorwärtsstrebende Energie auf die Sinnes-Endzellen überträgt und bei diesem Anprall auch ihre ganze Kraft auf einmal ausgibt.

Bei der kalorischen Reizung handelt es sich — wenn die Abkühlungs- bezw. Erwärmungstheorie herangezogen wird — um eine molekulare Bewegung der Labyrinthflüssigkeit, um ein langsames Einschleichen und allmähliches Anwachsen und Erstarken der Zirkulationsenergie, die sich in gleicher Form auf die Endstellen des Vestibularis überträgt. So steht der gröberen, rotatorischen Reizungsart die feinere, subtilere der Kalorisation gegenüber.[1])

C. GALVANISCHE REIZUNG.

Wenn wir die Elektrode eines galvanischen Apparates (der faradische Strom löst diese Erscheinungen nicht aus) vor (Tragus) oder hinter

[1]) Über das Verhältnis beider Reizarten in pathologischen Fällen zu einander siehe R a u c h: „Ü b e r a t y p i s c h e u n d p a r a d o x e V e s t i b u l a r r e f l e x e", M. f. O. Nr. 10, 53. Jahrg. (1919.)

dem Ohr (Proc. mast.) aufsetzen und einen Strom von 2 bis 4 Milliampère durchleiten, so löst dieser außer subjektivem Schwindelgefühl einen zur Kathodenseite gerichteten Nystagmus aus; hören wir mit der Reizwirkung auf, so erhalten wir einen der ersten Richtung entgegengesetzten Nystagmus. Wir können mnemotechnisch den Satz formulieren:

Der Nystagmus sucht die Kathode auf und flieht die Anode.

Auch hier lassen wir die Versuchsperson in dem Augenblick der Stromeinleitung nach der Seite hinblicken, wo wir die Nystagmusschläge erwarten. Bei dieser Methode — galvanische Durchquerung — werden wie beim Drehnystagmus beide Labyrinthe getroffen, die sich in der Reizwirkung gegenseitig verstärken.

Wollen wir nur einen Vestibularapparat prüfen, so legen wir die eine Elektrode vor oder hinter dem Ohre an, die andere an einen indifferenten Punkt (Hand, Arm, Sternum). Wir bedürfen da allerdings einer Stromstärke von 10 bis 20 Milliampère, die von den Patienten unangenehm schmerzhaft empfunden wird.

Was nun die Schlagebene betrifft, so ist sie bei allen Lagerungen des Kopfes horizontal-rotatorisch, da sämtliche Bogengänge gleichmäßig und gleichzeitig vom galvanischen Strom getroffen werden.

Die Entstehung des galvanischen Nystagmus ist darauf zurückzuführen, daß die Kathode Katelektrotonus in dem durchströmten Nerv hervorruft, die Anode Anelektrotonus; jener mit Steigerung, dieser mit Herabsetzung der Leitungsfähigkeit im Nerv. Brünnings nimmt ein Kataphorese an, die je nach der Stromrichtung eine Endolymphströmung nach der einen oder anderen Richtung auslöst, daher einen Nystagmus, wie bei der Dreh- oder thermischen Reizung. Eine direkte elektrische Nervenreizung hält er für unwahrscheinlich. Gegen diese Anschauung spricht aber die Tatsache, daß nach Exstirpation des Labyrinthes ein typischer Nystagmus vom operierten Ohr ausgelöst werden kann (Neumann)[1].

In diesem Sinne also steht die galvanische Prüfung der mechanischen und thermischen weit nach und ist zurzeit noch nicht genau verwertbar.

---

[1] Neumann: M. f. O., Band 41, 1907.

KONSTANTE REAKTIONSERSCHEINUNGEN.

Wir haben nunmehr durch Ausführung der d r e i Reizarten den wichtigsten objektiven Nachweis der Vestibularreaktion besprochen.

Einen zweiten objektiven Nachweis der Vestibularreaktion liefern die Gleichgewichtstörungen, die sich durch Verbindung der Vestibularkerne mit den motorischen Zellen der Vorderhörner des Rückenmarkes mittels gekreuzter und ungekreuzter Fasern ableiten lassen. Abgesehen davon, daß die meisten Versuchspersonen bei künstlich hervorgerufener Reizung des Vestibularapparates ein Unvermögen zeigen, sich sicher zu bowegen, weisen sie konstante Reaktionsbewegungen auf, die sich insbesonders kundgeben, wenn auch ein zweiter die Gleichgewichtsempfindung unterstützender Sinn, der Gesichtssinn, ausgeschaltet wird. Läßt man die Versuchsperson, bei der eben ein Nystagmus ausgelöst wurde, mit geschlossenen Augen, Beine geschlossen, sich aufrichten, so zeigt sich eine typische **Fallreaktion,** die gleichfalls von der Richtung der Endolymphbewegung abhängig ist. Wir gehen von der Annahme Breuers[1]) aus, dem wir nachfolgende Untersuchungen verdanken, daß die Empfindung der Drehrichtung entgegengesetzt ist der Endolymphbewegung.

1. Drehung in der Horizontalebene des Kopfes:

Kopf aufrecht. Drehung nach rechts um die vertikale Achse. Erster Anstoß: relativ rückläufige Bewegung der Endolymphe. Bei andauernder Drehung wird, wie wir wissen „die lebendige Kraft dieser Strömung bald durch die Reibung und Adhäsion an den Röhrenwänden aufgezehrt werden", und die Endolymphe macht die Drehung des Bogenganges mit. Plötzliches Stehenbleiben. Nachläufige Endolymphbewegung (von links über vorn) nach rechts: also Empfindung, horizontal nach links gedreht zu werden.

2. Drehung in der Sagittalebene des Kopfes:

a) Neigung des Kopfes auf die rechte Schulter. Drehung wie oben. Plötzliches Stillstehen und Aufrichten des Kopfes. Nachläufige Endolymphströmung (von vorn über oben) nach hinten; Empfindung, von hinten nach vorn zu überstürzen.

---

[1]) Breuer: „Über die Funktion der Bogengänge des Ohrlabyrinthes." Wiener med. Jahrbücher 1874.

b) Kopfneigung auf die **linke Schulter**. Drehung wie oben. Plötzliches Stillstehen und Aufrichten des Kopfes. Nachläufige Endolymphströmung (von hinten über oben) nach vorne also: **Empfindung, von vorne nach hinten zu überstürzen.**

3. **Drehung in der Frontalebene des Kopfes:**

a) Neigung des Kopfes **nach vorne** (Gesicht gegen den Boden gekehrt). Bei plötzlichem Stillstehen und Geradestellung des Kopfes nachläufige Endolymphbewegung (von links über oben) nach rechts; **also Empfindung, nach links umzustürzen.**

b) Neigung des Kopfes **nach rückwärts** (Gesicht zur Decke gerichtet). Nachläufige Endolymphströmung bei plötzlichem Stillstehen und Geradestellung des Kopfes (von rechts über oben) nach links; **also Empfindung, nach rechts umzustürzen.**

Gegen den befürchteten Sturz setzt sich der Organismus durch **Reflexbewegungen nach der entgegengesetzten Richtung hin** zur Wehr. Im Falle 1 wird ein festes Stehenbleiben wohl genügen, die Balance zu halten; im Falle 2 a werden wir durch die entgegengesetzte Reflexbewegung nach **hinten**, im Falle 2 b nach **vorne**, im Falle 3 a nach **rechts**, im Falle 3 b **nach links** stürzen.

Dasselbe gilt von der **Reaktionsbewegung** beim rotatorischen Nystagmus, wie ihn die thermische Reizung erzeugt.

Bei Nystagmus nach rechts:

Kopf in gewöhnlicher Stellung (Gesicht geradeaus): Fallrichtung nach links.

Kopf um 90° nach rechts gedreht: Fallrichtung nach vorne.

Kopf um 90° nach links gedreht: Fallrichtung rückwärts.

Bei Nystagmus nach links:

Kopf in gewöhnlicher Stellung (Gesicht geradeaus): Fallrichtung nach rechts.

Kopf um 90° nach rechts gedreht: Fallrichtung rückwärts.

Kopf um 90° nach links gedreht: Fallrichtung nach vorne.

Wir sehen also, daß die Versuchsperson nach links fällt, bei einem Nystagmus nach rechts und umgekehrt; sie fällt nach vorne, wenn der Kopf **in die** Richtung des Nystagmus gewendet wird; sie fällt nach rückwärts, wenn der Kopf **entgegengesetzt** der Richtung des Nystagmus gewendet wird.

Wenn wir die Fallrichtung bei Dreh- und thermischem Nystagmus betrachten, so finden wir eine Gesetzmäßigkeit, dahingehend, daß **die**

Fallbewegung stets in der Richtung der langsamen Nystagmuskomponente erfolgt.

Bei Kleinhirnerkrankungen besteht kein Zusammenhang zwischen der typischen Fallrichtung und dem zumeist bestehenden Spontannystagmus. Auch durch Veränderung der Kopfstellung wird die Fallrichtung nicht beeinflußt. Aus dieser Tatsache zieht Bárány folgenden Schluß: Wenn der Kopf gedreht wird, ändert sich der Nystagmus nicht, wohl aber die Fallrichtung; es werden bloß andere Rumpfmuskeln innerviert. Es ist sicherlich kein vestibularer Reiz ausgelöst; es kann bloß die Reizung der Gelenke und Muskeln des Halses sein, die, hervorgerufen durch Drehung des Kopfes, eine Änderung des Fallens bewirkt (diese kann auch ausgelöst werden, wenn der Kopf in Ruhe bleibt und der Körper unter dem Kopfe gedreht wird); es müsse also die Beeinflussung in der Kleinhirnrinde (wahrscheinlich Vermis cerebelli) erfolgen, wo nach Cajal die spino-cerebellare Bahn und die des Nerv. vestibularis einander treffen.

Bárány hat die Untersuchung des Vestibularapparates durch die von ihm entdeckten **Reaktionen der Extremitäten in ihren Gelenken** — die im **Zeigeversuch** ihren Ausdruck finden — bereichert.

Dieser Versuch wird in folgender Weise ausgeführt:

Man läßt eine Versuchsperson auf einem Stuhle sitzen, die Augen schließen, den Arm ausstrecken und mit dem Zeigefinger (die anderen Finger in der Hand eingeschlagen) die untere Fläche des vorgestreckten Zeigefingers des Untersuchers wiederholt berühren, indem der Arm in der Sagittalebene vom Knie zur Horizontalen in mäßigem Tempo gehoben und dann bis zum Knie wieder gesenkt wird.

Bei Normalen geht dieser Versuch anstandslos vor sich; ebenso wird die Versuchsperson den Zeigefinger des Untersuchers treffen, wenn der Arm in der Horizontalen von der Seite nach vorne bewegt wird. — Dieses Experiment hat Bárány in allen Gelenken der Extremitäten (Ellbogen-, Hand-, Hüftgelenk) sowie bei Kopf- und Rumpfbewegungen durchgeführt, ohne jedoch hier eine Konstanz der Reaktionen nachweisen zu können, so daß sich füglich der Zeigeversuch auf die Bewegung im Schultergelenk beschränken kann.

Wenn nun durch kalorischen, Dreh- oder galvanischen Reiz ein Nystagmus ausgelöst wird, so findet man, daß beim Zeigeversuch stets ein **Abweichen des Fingers nach der Richtung der lang-**

samen Komponente erfolgt. Da diese Reaktionen den kortikalen Impulsen zuwiderlaufen und bei Erkrankungen des Kleinhirns, insbesonders des Wurmes, konstant fehlen sollen, nimmt Bárány eine Vertretung der Muskulatur, geordnet nach Gelenken und Bewegungsrichtungen, in der Kleinhirnrinde an und schließt aus einem Fehlen dieser Gelenkreaktionen auf eine Erkrankung der entsprechenden Kleinhirnhemisphäre, bzw. des Wurmes.

Zeigeversuch beim kalorischen Nystagmus:

Spritzen wir das rechte Ohr kalt aus, so erfolgt ein Abirren des Fingers der rechten und linken Extremität nach rechts (entsprechend der langsamen Komponente); spritzen wir links aus, ein Abirren beider Arme nach links (das Abweichen nach einwärts ist stets schwächer als das nach außen).

Neigt man jetzt den Kopf nach vorne, so erfolgt ein Umkehren der Nystagmusrichtung, also auch der Zeigerichtung.

Hat man durch kalte Rechtsausspritzung einen kalorischen Nystagmus nach links erzeugt und dreht man den Kopf der Versuchsperson um 90° nach rechts, so erfolgt ein Abirren des Fingers nach oben, wenn die Versuchsperson den Arm von der Seite nach vorne zum Zeigefinger des Untersuchers bewegt; dreht man den Kopf um 90° nach links, so erfolgt ein Vorbeizeigen nach unten.

Dasselbe gilt mit umgekehrten Vorzeichen bei kalter Linksausspritzung. (Der Zeigeversuch fällt wegen Überwindung der Schwerkraft beim Abirren nach oben schwächer aus als beim Abirren nach unten.)

Zeigeversuch beim Drehnystagmus:

Dreht man bei aufrechter Kopfhaltung nach rechts, so tritt ein horizontaler (Nach-) Nystagmus nach links auf; es erfolgt ein Vorbeizeigen im Sinne der langsamen Komponente nach rechts. Dreht man nach links, erfolgt ein Vorbeizeigen nach links. Dreht man mit vorgebeugtem Kopfe nach rechts, so tritt ein rotatorischer (Nach-) Nystagmus nach links auf. Beim Aufrichten des Kopfes erfolgt das Vorbeizeigen in der Frontalebene, entgegengesetzt der Nystagmusrichtung, also bei Bewegung des rechten Armes von vorne nach der Seite hin: ein Vorbeizeigen nach unten; bei Bewegung des linken Armes von vorne nach der Seite hin: ein Vorbeizeigen nach oben.

Neigt man den Kopf auf die linke Schulter und dreht nach rechts, so entsteht ein vertikaler Nystagmus nach oben; nach Aufrichtung des Kopfes erfolgt beim Zeigeversuch von der Seite nach vorne hin ein Ab-

irren des Fingers **nach unten**; bei Neigung des Kopfes auf die rechte
Schulter und Aufrichtung des Kopfes: ein Vorbeizeigen **nach oben**. Eine
weitere Kombination ergibt Kopfneigung auf die linke Schulter und Linksdrehung: Abirren des Fingers **nach oben**. Neigung des Kopfes auf
die rechte Schulter und Linksdrehung: Abirren des Fingers **nach unten**.

Der Zeigeversuch kann auch mittels **galvanischer** Reizung ausgeführt und die Richtung des Abirrens des Fingers aus dem Vorher-
gesagten abgeleitet werden.

Da der thermische Reiz von längerer Dauer ist als der Drehreiz,
kann bei einer einzigen Kalorisation sowohl der Charakter des Nystagmus als auch der Zeigeversuch und die Fallbewegungen geprüft werden,
während der rascher abklingende Drehnystagmus für jede Reaktions-
prüfung von neuem provoziert werden muß. Immerhin muß auch diese
Prüfung oft zu Kontrollzwecken herangezogen werden. So viel über
den objektiven Nachweis bei künstlicher Reizung des Vestibularapparates.

SUBJEKTIVE SYMPTOME.

Unter diesen **Symptomen** steht der **Schwindel** obenan.
Es ist dies jene unangenehme Empfindung, die durch eine Störung
im Zusammenwirken der drei uns orientierenden Sinne — des optischen,
kinaesthetischen und Vestibularsinnes — hervorgerufen wird. Der Vesti-
bular-Schwindel muß nicht unbedingt mit den Gleichgewichtsstörungen
in einer Korrelation stehen. So sehen wir bei gleichzeitiger Ausschaltung
beider Vestibularapparate Gleichgewichtsstörungen ohne Schwindel auftreten; anderseits finden wir bei Kindern nach artifizieller Reizung des
Vestibularis Schwindel bei geringen Gleichgewichtsstörungen. Die
Symptome des Schwindels geben sich kund a) in Empfindungen des
Gedrehtwerdens und b) in Scheinbewegungen der Umgebung. Letztere
erfolgen in der Regel in der Richtung der Schnellkomponente. Wir
schließen daraus, daß unsere Netzhaut nur die tanzenden Bilder der
langsamen Bewegung aufnimmt, die optisch in die entgegengesetzte
Richtung nach außen projiziert werden. Im übrigen sind die subjektiven
Symptome so individuell verschieden, daß sie sich nur gezwungen in
Gruppen rubrizieren lassen: von den leichtesten Formen des einfachen
Schwindelgefühles bis zu den unangenehmsten Erscheinungen von
Übelkeit und Erbrechen, wie bei heftiger Seekrankheit.

DER PATHOLOGISCHE VESTIBULARAPPARAT.

Eine künstliche oder pathologische Reizung des Nerv. vestibul. in seinem endo- oder retrolabyrinthären Verlauf gibt sich objektiv durch einen Nystagmus kund. Den auf pathologische Zustände zurückzuführenden Nystagmus nennt man einen spontanen. (Wir haben bereits erwähnt, daß auch bei vielen Normalen in der Endstellung der Bulbi ein geringer horizontal-rotatorischer, sogenannter Einstellungsnystagmus auftritt.)

Ein spontaner Nystagmus ist auch der optische[1]), der auf einem Fehler in den Augenmuskelkernen beruhen dürfte und gewöhnlich mit Refraktionsanomalien und Veränderungen im Augenhintergrund einhergeht.

Dieser sogenannte optische Nystagmus, der gewöhnlich grobschlägig, oft undulierend und von ziemlich starker Intensität ist, repräsentiert eine Erkrankung sui generis und hindert nicht, wie jeder andere zentral ausgelöste Nystagmus, überdies einen vestibulären Nystagmus künstlich auszulösen, insofern das Endorgan intakt ist; vorausgesetzt allerdings, daß die retrolabyrinthären Bahnen und Zentren nicht vollständig zerstört sind, und der Reiz stark genug ist.

Wir sagten gleich einleitend, daß der durch Reizung des Vestibularapparates auftretende Nystagmus ein Maßstab für die Reizerregbarkeit desselben ist und daß er das augenfälligste Symptom aller früher besprochenen Sensationen abgibt. Wir sprechen einen Vestibularapparat als normal erregbar an, wenn die objektiven Reizsymptome (Nystagmus, Fallrichtung, Zeigeversuch) mit den subjektiven (Schwindel, Übelkeiten, eventuell Erbrechen und Schweißausbruch) bezüglich ihrer Intensität in einem korrespondierenden Verhältnis zueinander stehen. Je nachdem der Vestibularapparat bezüglich aller oberwähnten Erscheinungen in vermindertem oder erhöhtem Maße anspricht, nennen wir ihn unter- oder übererregbar. Gelingt es weder durch Dreh- oder kalorischen Reiz, noch durch

---

[1]) Der Ausdruck optischer (richtiger Kernnystagmus) hat sich für diese Form in der Otologie eingebürgert, wiewohl wir unter einem optischen Nystagmus die beim raschen Wechsel äußerer Bilder auftretenden rhythmischen Verfolgungsbewegungen der Bulbi verstehen. Man kann ihn bei jeder Versuchsperson hervorrufen, wenn man sie auf eine mit schwarz-weißen Streifen versehene, rotierende Walze blicken läßt; er tritt auch bei raschen Fahrten durch schnellen Wechsel der Landschaftsbilder auf.

Kompression oder Aspiration, einen Nystagmus auszulösen, so müssen wir die Funktion des Endapparates als e r l o s c h e n betrachten, vorausgesetzt, daß die Störung nicht zentral gelegen ist. Daß der galvanische Reiz direkt auf den Nerv zu wirken scheint, haben wir bereits erwähnt.

Die U n t e r e r r e g b a r k e i t kann ihren Grund in der Herabsetzung der Empfindlichkeit des peripheren Endorgans oder seiner zentralen Bahnen und Stationen haben. Dazu gehört vor allem die trägere Erregbarkeit des Vestibularapparates bei einem Defekt in der Labyrinthkapsel, der sogenannten Bogengangfistel, die gewöhnlich von einer zirkumskripten Erkrankung des Labyrinthes begleitet wird, wobei adhäsive Prozesse die Endolymphbewegung einschränken können; ferner die Erkrankung des Vestibularnerven selbst. Zentralen Ursprunges ist die von B á r á n y beobachtete Untererregbarkeit bei Drucksteigerung im Kleinhirnbrückenwinkel. Sie wurde auch beim M é n i è r e schen Symptomenkomplex beobachtet.

Ü b e r e r r e g b a r k e i t wurde fast nur bei Hirntumoren festgestellt; sie findet sich auch in Fällen von traumatischer Neurose und bei Neurasthenikern. Allerdings sieht man nicht selten bei neuropathischen Individuen ein Mißverhältnis zwischen den objektiven und subjektiven Symptomen, insofern, als geringe Nystagmen mit heftigen subjektiven Symptomen einhergehen; anderseits macht man bei manchen Individuen die Beobachtung, daß Reizung ihres Vestibularapparates wohl entsprechende objektive, aber nur sehr geringe subjektive Symptome hervorruft. So sehen wir eine mehr oder weniger vollständige Unterdrückung der Reflexe bei Akrobaten und Tänzern. Hierher gehört ferner das Phänomen, daß manche Individuen, die einmal an heftigem labyrinthären Schwindel gelitten haben (sei es durch Trauma oder Erkrankung eines Bogenganges), für alle Zeiten dann bezüglich der s u b j e k t i v e n Symptome immunisiert sind, bei Erhaltung der objektiven Symptome (Nystagmus, Gangstörung usw.), allerdings nur für diesen attackierten Bogengang. Bei Reizung der anderen Bogengänge ergibt sich normales Verhalten.

Bezüglich der Diagnose der vollständigen Ausschaltung des Vestibularapparates mittels D r e h r e i z e s wollen wir noch folgendes nachtragen:

Da von jedem intakten Ohr ein Nystagmus nach beiden Seiten ausgelöst werden kann, und ein isolierter Drehreiz e i n e s der beiden Vestibularapparate (da doch beide gleichzeitig rotiert werden) unmöglich ist, so wird auch bei vollständiger Zerstörung des einen

Labyrinthes vom g e s u n d e n Vestibularapparat bei der Drehung ein Nystagmus nach der gesunden u n d kranken Seite ausgelöst. Ist z. B. das rechte Labyrinth zerstört, und drehen wir bei der Prüfung dieses rechten Labyrinthes nach links, so wird beim Anhalten vom gesunden linken Labyrinth aus in der sogenannten weniger wirksamen Richtung ein Nystagmus nach rechts ausgelöst. Allerdings ist dieser Nystagmus von unverhältnismäßig geringer Dauer. W e n n d i e N y s t a g m u s - d a u e r d e r b e i d e n V e s t i b u l a r a p p a r a t e b e i R e i z u n g d e r h o r i z o n t a l e n B o g e n g ä n g e u m m i n d e s t e n s d a s D o p p e l t e d i f f e r i e r t , s o k a n n m i t e i n e r g e w i s s e n W a h r s c h e i n l i c h k e i t a u f e i n e L a b y r i n t h z e r s t ö r u n g d e r k r a n k e n S e i t e g e s c h l o s s e n w e r d e n. Diese Differenz ist beim Drehreiz der vertikalen Bogengänge noch größer.

Daß sich bei Drehung nach rechts und links mit seitwärts geneigtem Kopfe auch bei Ausschaltung des einen Vestibularapparates g l e i c h e Werte ergeben, ist klar, da beide Labyrinthe (siehe Fig. 9) zur selben Seite der Drehungsachse liegen, und die Endolymphbewegung in beiden Labyrinthen jeweils gleichsinnig (zur Ampulle oder zum glatten Ende hin) erfolgt.

Sind beide Labyrinthe zerstört, dann fehlt der Drehnystagmus vollkommen. Bei länger (Monate, Jahre) bestehender einseitiger Labyrinthausschaltung findet durch Veränderung im Zentralorgan durch gewisse Adaptionsprozesse ein Ausgleich in d e m Sinne statt, daß die Nystagmusdauer beider Seiten gleich große — jedoch gegenüber dem Normalen wesentlich verkürzte — Werte aufweist. Auch die kalorische Reaktion der gesunden Seite kann durch einen zentralen Ausgleich stark herabgesetzt sein, ja in seltenen Fällen sogar ganz fehlen. R u t t i n[1]) bezeichnet diesen Zustand als „Kompensation" und nimmt an, daß eine solche erst dann auftreten kann, wenn sämtliche nervöse Elemente vollständig zugrunde gegangen sind und entweder eine bindegewebige oder knöcherne Ausheilung oder aber eine Sequestrierung erfolgt ist. Von diesem Gesichtspunkt leitet er die therapeutischen Maßnahmen ab. Im allgemeinen gilt der otochirurgische Grundsatz[2]): Wenn eine Totalaufmeisselung bei einem durch Entzündung zerstörten Labyrinth indiziert erscheint, ist an diese die N e u m a n n sche Labyrinthoperation anzu-

---

[1]) Versammlung der Deutschen otologischen Gesellschaft, Kiel, 1903.
[2]) N e u m a n n: „Indikation der Labyrinthoperation", Deutsche otologische Gesellschaft 1909.

schließen. Ruttin hält in kompensatorischen Fällen diese nur dann für angezeigt, wenn bei der Operation das Labyrinth sequestriert angetroffen wird, nicht aber bei bindegewebiger oder knöcherner Ausschaltung.

Was nun zunächst den spontanen pathologischen Nystagmus betrifft, so müssen wir in ihm eine Störung der antagonistisch wirkenden, von beiden Endapparaten zum Zentrum (Mittelhirn) fließenden Impulse ansehen, sei es, daß diese Störung im peripheren Endorgan, in den Bahnen oder den zentralen Stationen gelegen ist. Erfolgt eine Störung auf der einen Seite, so wirken die Impulse der anderen Seite hemmungslos, so daß es die intakte Seite ist, die den spontanen Nystagmus auslöst. Früher nahm man an, daß der Spontannystagmus eine Reizerscheinung der kranken Seite darstelle, ähnlich wie die künstliche Auslösung des Nystagmus; das Experiment (Zerstörung des Labyrinthes, Durchschneidung der Nerven, Kokainisierung der Nervenendstellen) hat das Gegenteil bewiesen. Sehen wir doch auch schon bei der Bogengangfistel, resp. bei der zirkumskripten Entzündung des Labyrinths eine Unterregbarkeit des Endapparates! Da die Erscheinungen des spontanen pathologischen Nystagmus — sofern peripher ausgelöst — mit der Erkrankung des Labyrinths eng verquickt sind, wollen wir an dieser Stelle die Bilder der Labyrinthitis streifen, soweit sie sich zur differentialdiagnostischen Verwertung der Art und Ursache des Spontannystagmus als notwendig erweisen:

Wir unterscheiden die bereits abgelaufene — latente — von der akuten Form, die entweder zirkumskript oder diffus (letztere serös oder eiterig) auftritt.

Zirkumskripte Erkrankungen, gewöhnlich von einer Entzündung des angrenzenden Knochens (Paralabyrinthitis) oder einer Labyrinthfistel begleitet, lösen, je nach ihrem Sitze, mehr oder weniger schwere Ausfallserscheinungen von Seite des Vestibularis und Cochlearis aus. Zumeist besteht ein geringer horizontal-rotatorischer Nystagmus zur gesunden Seite, sowie attackenweise auftretende Schwindelanfälle; kalorische Reaktion zumeist herabgesetzt.

Die seröse diffuse Durchtränkung des Labyrinths geht mit einer langsam fortschreitenden, in der Regel vorübergehenden Herabsetzung des Hörvermögens und gröberen Störungen des Vestibularapparates einher; dabei kräftiger horizontal-rotatorischer Nystagmus zur gesunden Seite mit heftigem subjektiven Schwindel; kalorische Reaktion fehlend oder stark herabgesetzt.

Die diffuse Eiterung im Labyrinthinnern setzt apoplektiform ein, mit heftigem Schwindel, Gleichgewichtsstörungen, Erbrechen und Kopfschmerzen. Kräftiger horizontal-rotatorischer Nystagmus III. Grades zur gesunden Seite. Das Gehör ist für akustische Reize unempfindlich. Vestibularapparat vollständig ausgeschaltet, spricht weder auf thermischen noch Drehreiz an. Der direkt auf den Nervenstamm wirkende galvanische Reiz ist oft auslösbar, öfters auch — wie bei fast allen Formen der Labyrinthitis — ein etwa bestehendes Fistelsymptom. Sie geht nach Ausheilung (bindegewebig oder knöchern) in die latente Form mit vollständiger Taubheit und Unerregbarkeit des Vestibularapparates (für alle Reize) über. Kommt es zu keiner Spontanausheilung, so ergeben sich Komplikationen durch Übergreifen der Eiterung auf dem Wege des inneren Gehörganges oder Aquaeductus vestibuli, auf die Meningen und das Kleinhirn.

Die Feststellung, ob ein Nystagmus endo- oder retrolabyrinthären Ursprunges ist, spielt bei der differentialdiagnostischen Analyse labyrinthärer oder zentraler Erkrankung oder labyrinthärer plus zentraler Erkrankung eine bedeutende Rolle. Sie erfordert oft eine tagelange Beobachtung des Nystagmus. Außer der Intensität, die beim labyrinthären Nystagmus in der Regel geringer ist als beim cerebellaren, ist vor allem der Erregbarkeitszustand des Vestibularapparates, Schlagebene und Richtung des Nystagmus von Bedeutung.

Neumann[1]) hat folgende Unterscheidungsmerkmale festgestellt:

A) Besteht ein spontaner horizontaler Nystagmus, so kann er nur cerebellar sein.

B) Besteht ein spontaner horizontal-rotatorischer Nystagmus, so kann er sowohl peripheren als auch zentralen Ursprungs sein:

1. Ergibt die Funktionsprüfung eine Unerregbarkeit des Vestibularapparates der kranken Seite, so ist eine zentrale Auslösung fraglos, namentlich, wenn es sich um einen Nystagmus zu dieser Seite handelt. Auch Wechsel des Nystagmus bei ausgeschaltetem Labyrinth spricht für eine intrakranielle Komplikation.

---

[1]) Neumann: „Zur Differenzialdiagnose von Kleinhirnabszeß und Labyrintheiterung." A. f. O. 1906. — Derselbe: „Heilung einer Fazialislähmung nach Labyrinthoperation." M. f. O. B. 41, 1907.

2. Ergibt die Funktionsprüfung noch eine **Erregbarkeit** des Vestibularapparates, so kann der Nystagmus peripher oder zentral ausgelöst sein.

a) Handelt es sich um einen Nystagmus zur **kranken** Seite von gleichbleibender oder zunehmender Intensität durch ein bis zwei Tage, so ist er unbedingt intrakraniell ausgelöst; ein Nystagmus von kürzerer Dauer, mit Richtungswechsel zur gesunden Seite oder mit Pausen, kann sowohl vom Endorgan als auch zentral ausgelöst sein, und es müssen zur Entscheidung noch andere Krankheitssymptome herangezogen werden.

b) Handelt es sich um einen Nystagmus zur **gesunden** Seite, der allmählich in bezug auf seine Intensität abnimmt, bis er in circa 14 Tagen abklingt, so beruht er entweder auf einer plötzlichen Ausschaltung des Endorganes oder auf einer plötzlichen Lähmung des Nerv. vestibul. vor seinem Eintritt in die Medulla. Bleibt der Nystagmus in gleicher Intensität durch mehrere Tage hindurch unverändert, so ist er intrakraniell bedingt.

Wie wichtig diese Erkenntnis ist, zeigt sich beispielsweise in den Fällen, wo an eine Labyrinthitis ein Kleinhirnabszeß sich anschließt, und wo die Nystagmusrichtung und Intensität die ersten Verdachtsmomente einer Komplikation ergeben, bevor sich das klinische Krankheitsbild eines Kleinhirnabszesses (Fieber, Hinterhauptschmerzen, Nackensteifheit, Erbrechen, homolaterale cerebellare Ataxie, Abduzensparese, Lumbalpunktat usw.) manifestiert. Der bei der akuten Labyrinthitis bestehende Nystagmus zur gesunden Seite weist durch seinen Richtungswechsel zur kranken, bezw. zu beiden Seiten zugleich, auf eine intrakranielle Komplikation hin. Die differentialdiagnostisch noch in Betracht kommende Meningitis wird durch ihren Symptomenkomplex (hohes Fieber, Pulsverlangsamung, heftige Kopfschmerzen, Nackensteifheit, Parästhesien der Extremitäten, Kernigsches Symptom, Babinsky, Lumbalpunktat usw.) entschieden.

Störungen im Gleichgewichtsapparate sind, wie bereits erwähnt, auf eine endo- oder retrolabyrinthäre Erkrankung des Vestibularis zurückzuführen. Wir wollen diese in folgender Einteilung festlegen:

A) Endapparat.

1. Partielle zirkumskripte Erkrankung des Labyrinths. (S. o.)
2. Totale akute Labyrinthzerstörung. Dazu gehört

a) die bereits besprochene diffuse akute Labyrintheiterung,

b) Labyrinthblutungen traumatischer Natur (ein durch das Vestibulum gehender Pyramidenbruch) oder durch konstitutionelle und Infektionskrankheiten bedingt (Arteriosklerosis senium et luetica, Leukämie usw.).

Die totale, plötzliche Zerstörung des Endapparates verläuft unter dem ähnlichen Bilde wie eine Labyrinthitis. Anamnese, allgemeine Untersuchung, otoskopischer Befund müssen zur Differentialdiagnose herangezogen werden.

3. Chronische Zerstörung des Endorganes: das ist eine allmähliche, progrediente Entzündung des Labyrinths mit Ausgang in totale Ausschaltung desselben. — Sie geht mit größeren oder geringeren objektiven und subjektiven Sensationen einher. Hiezu gehören die progredienten zirkumskripten Erkrankungen des Labyrinths, insofern sie nicht plötzlich akute Formen annehmen, ferner die tuberkulöse Labyrinthitis, sowie die allmähliche Ausschaltung als Späterscheinung der Syphilis.

B) Erkrankung des Nervus vestibularis selbst.

1. Direkte Erkrankung durch Entzündung. (Neuritis nerv. vestibul.) Eine isolierte Erkrankung des Vestibularis ohne Beteiligung des Cochlearis kommt nicht häufig vor. Sie tritt vorübergehend bei Vergiftungen (Bárány betont insbesondere das Nikotin) und Infektionskrankheiten akut mit allen subjektiven und objektiven Erscheinungen einer Labyrinthreizung auf und geht in der Regel wieder zurück. Relativ häufig tritt sie im frühen Sekundärstadium der Lues auf. Da die mit Salvarsan behandelten Fälle mitunter eine isolierte Erkrankung des Vestibularis aufweisen, glaubt Beck, daß es sich hier um eine Arsenneuritis oder um eine atypische, durch Salvarsan beeinflußte Verlaufsform der Lues handelt. Urbantschitsch hält die Neuritis für eine Herxheimersche Reaktion im Octavusgebiet.

Viel häufiger treten die Neuritiden des Vestibularis mit einer Erkrankung des Cochlearis auf. Dies ist vor allem bei Lues der Fall, ferner bei Rheuma (mit und ohne Cochlearis und Fazialis), sowie bei der epidemischen Cerebrospinalmeningitis (gewöhnlich doppelseitig und mit Erkrankung des Cochlearis verbunden).

2. Indirekte Erkrankung durch Kompression. Bei Tumoren, deren häufigste Form der Acusticustumor ist.

Die Unterscheidung, ob es sich um eine Parese oder Paralyse des Nerv. vestibul. handelt, ist nicht leicht und durch die galvanische Reizwirkung um so schwieriger zu machen, als Neumann nachweisen konnte, daß bei starken Strömen auch von den Kernen der Medulla ein Nystagmus ausgelöst werden kann.

Bei der Differentialdiagnose, ob es sich um eine Erkrankung des Endapparates oder eine Neuritis nerv. vestibul. handelt, kommt insbesonders die Konstatierung einer Mitbeteiligung anderer Gehirnnerven in Betracht. So spricht eine isolierte Erkrankung des Cochlear- und Vestibularapparates eher für eine Erkrankung des betreffenden Nerven selbst.

C) Intrakranielle Störungen des Gleichgewichtsapparates.

Diese kommen durch Erkrankung der Kerne, insbesondere des Deitersschen Kernes, sowie des hinteren Längsbündels zustande, als Ausdruck einer Druckerscheinung, besonders bei Kleinhirntumoren. Auch Tumoren der mittleren Schädelgrube können, wenn sie die hintere Schädelgrube erreichen oder mit Hydrocephalus internus kombiniert sind, einen Nystagmus zentralen Charakters auslösen; desgleichen die multiple Sklerose, Syringomyelie und Syringobulbitis.

Überaus interessant sind die experimentellen Untersuchungen Leidlers[1]), die er bei Kaninchen durch Verletzung des Nerv. vestib. und seiner zentralen Bahnen anstellte, um die daraus resultierende Beeinflussung des Vestibularapparates zu prüfen.

Seine Funde eröffnen eine verheißungsvolle Perspektive für die Lokalisation pathologischer Prozesse in der Medulla und dem Pons.

Wir haben schon einleitend beim Beweis, daß nur die langsame Komponente vom Vestibularapparat ausgelöst wird, Erwähnung getan, daß bei Bewußtlosen, Halbnarkotisierten und Epileptikern durch Reiz des Vestibularis nur ein langsames Hingleiten der Bulbi nach dem einen Augenwinkel hin erfolgt und daß dies auch bei der Lähmung des willkürlichen Blickes der Fall sei. Wir sehen in der Tat bei supranuklearer Blicklähmung, die auf eine Erkrankung im Bereiche des Pons (seitliche Blicklähmung) oder der Vierhügel (Blicklähmung nach oben und unten) zurückzuführen ist, sowie bei der subkortikalen

---

[1]) Leidler: „Über die Beziehungen des Nervus vestibularis zu den Erkrankungen der hinteren Schädelgrube." W. Med. W. 1917.

Blicklähmung bei Kapselhemiplegien, daß wir nur die vestibuläre Nystagmus-Komponente auszulösen imstande sind.

Zum Vergleiche der Erregbarkeitsverhältnisse beider Vestibularapparate hat Ruttin[1]) eine doppelseitige, gleichzeitige, thermische und galvanische Prüfung eingeführt:

Werden (gleiche normale oder gleiche pathologische Beschaffenheit beider Trommelfelle vorausgesetzt) mit dem von diesem Autor angegebenen Apparat beide Ohren gleichzeitig mit gleicher Menge gleichtemperierten (25°) Wassers ausgespritzt, so wird bei gleich starker Erregbarkeit beider Vestibularapparate kein Nystagmus ausgelöst. (Bei bestehendem Spontannystagmus Visierapparat mit doppelten Fixationsknöpfen!) Ist eine Seite thermisch geringer erregbar, so wird ein Nystagmus zu dieser Seite hervorgerufen, ist sie stärker erregbar, zur anderen Seite. (Bei Warmwasserspülung das umgekehrte Verhältnis.) Selbstverständlich ruft ein vermehrter oder verminderter Leitungswiderstand des einen Ohres, zum Beispiel Trommelfellperforation oder Cholesteatom, ungleiche Effekte hervor.

Da die galvanischen Reize direkt auf den Nerv wirken, hat Ruttin[2]) analog seinen doppelseitigen Spülungen die beiderseitige, gleichzeitige galvanische Reizung eingeführt. Die eine Elektrode an der Stirne, die andere, gabelförmig geteilt, an den Ohren. Er fand in einer Reihe von Fällen Kathodennystagmus zur gesunden, in einer anderen Reihe zur kranken Seite. Beim Stromwechsel zeigt der Anodennystagmus das umgekehrte Verhalten Da bei einseitiger galvanischer Reizung die Kathode am Ohr Nystagmus zur selben Seite, die Anode am Ohr Nystagmus zur anderen Seite hervorruft, so schloß er, daß Kathodennystagmus zur gesunden und Anodennystagmus zur kranken Seite als eine verminderte Erregbarkeit der kranken Seite aufzufassen sei.

Ruttin benützt die doppelseitige Spülung im Verein mit der doppelseitigen galvanischen Reizung zum differentialdiagnostischen Nachweis, ob die verminderte Erregbarkeit im vestibularen Endapparat oder im Nerv selbst, oder in beiden gelegen sei. Ein Kathodennystagmus zur kranken und ein Anodennystagmus zur gesunden Seite müßte eigentlich als eine erhöhte Erregbarkeit der kranken Seite

---

[1]) Ruttin: „Zur Differentialdiagnose der Erkrankung des vestibulären Endapparates und seiner zentralen Bahnen." Deutsche otol. Ges., Basel, 1909.

[2]) Verhandlung d. Deutschen otolog. Ges., XVIII. Vers., Basel 1900.

aufzufassen sein. Da man logischerweise bei einem erkrankten Vestibularapparat eine verminderte Funktionstüchtigkit desselben erwarten muß, sind die Fälle von erhöhter Empfindlichkeit ziemlich selten und lassen sich nach Ruttin durch Erkrankung, bzw. Ausfall supponierter, den Vestibularkern mit dem Kleinhirn verbindender, hemmender Fasern erklären, eine Schädigung, aus der er auch den beim Kleinhirnabszess auftretenden Spontannystagmus zur kranken Seite ableitet.

Wir wollen noch die „GEGENROLLUNG DER AUGEN" erwähnen, die gleichfalls vom Vestibularapparat ausgelöst wird. Wenn wir den Kopf nach der einen Seite hin neigen, so erfolgt eine Rollbewegung der Augen nach der entgegengesetzten Seite und hält auch in dieser Lage des Kopfes unverändert an. Zur Messung dieser Gegenrollung hat Bárány einen Gegenrollungs-Apparat angegeben, mittelst welchen er gröbere Störungen bei zirkumskripten Erkrankungen im Gebiete des Vestibularapparates nachgewiesen haben will, u. zw. durch die sonst mit freiem Auge auch bei ruhiger Kopfhaltung nicht sichtbaren Rollbewegungen der Augen, die von schweren Schwindelgefühlen begleitet sein können und die bei Mangel jedes anderen objektiven Nachweises einer vestibularen Affektion leicht als Simulation angesehen werden könnten.

Praktische Ohrenheilkunde für Ärzte. Von A. Jansen und F. Kobrak, Berlin. Mit 104 Textabbildungen. (Band IV der „Fachbücher für Ärzte".) 1918.
Gebunden 2 Dollar.

Inhaltsübersicht:

I. Propädeutik.
Von F. Kobrak.

Klinische Anatomie. Topographie. Entwicklungsanomalien. Von F. Kobrak. — Klinische Physiologie des Ohres. Klinische Anatomie des Ohrlabyrinths. Funktionsprüfungen. Von F. Kobrak. — Klinische Pathologie. Von F. Kobrak. — Die symptomatologische Bedeutung der Ohrerkrankungen. Von F. Kobrak. — Diagnostik und Therapie. Von F. Kobrak.

II. Ausgewählte Kapitel.
Von A. Jansen und F. Kobrak.

Die Erkrankungen des äußeren Gehörgangs. Von F. Kobrak. — Die katarrhalischen Erkrankungen des Mittelohrs. Von A. Jansen. — Akute, eiterige Mittelohrentzündung. Von A. Jansen. — Chronische Mittelohreiterung. Von A. Jansen. — Die spezifischen Ohrentzündungen. Von A. Jansen. — Die infektiösen Labyrintherkrankungen. Von A. Jansen. — Die otogenen intrakraniellen Komplikationen. Von A. Jansen. — Die Ohreiterung des Kindesalters. Von F. Kobrak. — Die häufig rezidivierenden Mittelohreiterungen. Von F. Kobrak. — Formen der ohne Eiterfluß einhergehenden Schwerhörigkeit. Von F. Kobrak. — Behandlung der unheilbaren Schwerhörigkeit. Von F. Kobrak. — Das schwerhörige Kind. Von F. Kobrak. — Der „Labyrinthschlag". — Menièresche Krankheit. Von F. Kobrak — Die traumatischen Erkrankungen des Ohres. Von F. Kobrak.

Beiträge zur Ohrenheilkunde. Festschrift, gewidmet August Lucae zur Feier seines siebzigsten Geburtstages. Mit einer Heliogravüre, 4 Tafeln und 12 Textabbildungen. 1905.
2·90 Dollar.

Die Nasen-, Rachen- und Ohrerkrankungen des Kindes in der täglichen Praxis. Von Professor Dr. F. Göppert, Direktor der Universitäts-Kinderklinik zu Göttingen. Mit 21 Abbildungen. (Aus „Enzyklopädie der klinischen Medizin." Spezieller Teil.) 1914.
2·15 Dollar.

Die Krankheiten der oberen Luftwege. Aus der Praxis für die Praxis. Von Professor Dr. Moritz Schmidt. Vierte, umgearbeitete Auflage von Professor Dr. Edmund Meyer, Berlin. Mit 180 Textfiguren, 1 Heliogravüre und 5 Tafeln in Farbendruck. 1909.
Gebunden 5·30 Dollar.